1年生

体験してわかる！ 会話でまなべる！
プログラミングのしくみ

本書内容に関するお問い合わせについて

このたびは翔泳社の書籍をお買い上げいただき、誠にありがとうございます。
弊社では、読者の皆様からのお問い合わせに適切に対応させていただくため、以下のガイドラインへのご協力をお願い致しております。
下記項目をお読みいただき、手順に従ってお問い合わせください。

●ご質問される前に

弊社Webサイトの「正誤表」をご参照ください。これまでに判明した正誤や追加情報を掲載しています。

正誤表　https://www.shoeisha.co.jp/book/errata/

●ご質問方法

弊社Webサイトの「刊行物Q&A」をご利用ください。

刊行物Q&A　https://www.shoeisha.co.jp/book/qa/

インターネットをご利用でない場合は、FAXまたは郵便にて、下記“翔泳社愛読者サービスセンター”までお問い合わせください。電話でのご質問は、お受けしておりません。

●回答について

回答は、ご質問いただいた手段によってご返事申し上げます。ご質問の内容によっては、回答に数日ないしはそれ以上の期間を要する場合があります。

●ご質問に際してのご注意

本書の対象を越えるもの、記述個所を特定されないもの、また読者固有の環境に起因するご質問等にはお答えできませんので、予めご了承ください。

●郵便物送付先およびFAX番号

送付先住所 〒160-0006　東京都新宿区舟町5
FAX番号 03-5362-3818
宛先（株）翔泳社 愛読者サービスセンター

※本書に記載されたURL等は予告なく変更される場合があります。
※本書の対象に関する詳細は8ページをご参照ください。
※本書の出版にあたっては正確な記述につとめましたが、著者や出版社などのいずれも、本書の内容に対してなんらかの保証をするものではなく、内容やサンプルに基づくいかなる運用結果に関してもいっさいの責任を負いません。
※本書に掲載されているサンプルプログラムやスクリプト、および実行結果を記した画面イメージなどは、特定の設定に基づいた環境にて再現される一例です。
※本書に記載されている会社名、製品名はそれぞれ各社の商標および登録商標です。
※本書の内容は、2018年4月執筆時点のものです。

はじめに

Javaは昔からある言語ですが今も人気があり、いろいろなところで使われています。ですから書店に行くと、Javaの本がたくさん並んでいます。文法について詳しく書かれた本もあれば、専門分野に特化したような本もあります。

みなさんがそうした難しい本ではなく、「オオカミと子鹿が表紙の、絵本のようなこの本」を手に取られたということは、難しくて詳細な解説よりも、とにかくJavaをやさしく理解したい、と感じておられるからではないでしょうか。

この本は、そのようなJava1年生のための本です。オオカミ先生と初心者のいろはちゃんと一緒に、Java言語を学んでいきましょう。

最初はJavaプログラミングを簡単に体験していって、最終的には「オブジェクト指向のイメージを理解すること」までを目指します。抽象的でわかりにくいといわれる「オブジェクト指向」を、できるだけ身近なものでたとえながらやさしく解説し、「自分でプログラムを作るとき、どう考えていけばいいのか」を体験していきます。

オブジェクト指向とはどういうものなのか。まずはそのイメージがつかめれば、細かい部分についてはあとからゆっくり学んでいきやすくなります。

この本でJavaやオブジェクト指向のよさや便利さを感じて、Javaのプログラミングを進める助けになれば幸いです。

2018年4月吉日

森 巧尚

もくじ

第3章 プログラムの基本

第4章 オブジェクト指向って何？

本書の対象読者と1年生シリーズについて

本書の対象読者

本書はプログラミングの知識がゼロの方を対象にした、Javaの超入門書です。簡単で楽しいサンプルを作りながら、会話形式で、Javaのしくみを理解できます。初めての方でも安心して Javaプログラミングの世界に飛び込むことができます。

- **プログラミング言語の知識がない初学者**
- **Javaを初めて学ぶ初学者**

1 年生シリーズについて

1年生シリーズは、プログラミング言語（アプリケーション）を知らない初心者の方に向けて、「最初に触れてもらう」「体験してもらう」ことをコンセプトにした超入門書です。

超初心者の方でも学習しやすいよう、次の3つのポイントを中心に解説しています。

ポイント❶ イラストを中心とした概要の解説

章の冒頭には漫画やイラストを入れて各章で学ぶことに触れています。冒頭以降は、イラストを織り交ぜつつ、Javaの機能それぞれの概要を説明しています。

ポイント❷ 会話形式で基本文法を丁寧に解説

必要最低限のJavaの文法をピックアップして解説しています。途中で学習がつまずかないよう、会話を主体にして、わかりやすく解説しています。

ポイント❸ 初心者の方でも作りやすいサンプル

初めてプログラミング言語（アプリケーション）を学ぶ方に向けて、楽しく学習できるよう工夫したサンプルを用意しています。

オオカミ先生

いろはちゃん

本書の読み方

本書は、初めての方でも安心してJavaプログラミングの世界に飛び込んで、つまずくことなく学習できるよう、ざまざまな工夫をしています。

オオカミ先生といろはちゃんのほのぼの漫画で章の概要を説明

各章で何を学ぶのかを漫画で説明します。

この章で具体的に学ぶことが、一目でわかる

該当する章で学ぶことを、イラストでわかりやすく紹介します。

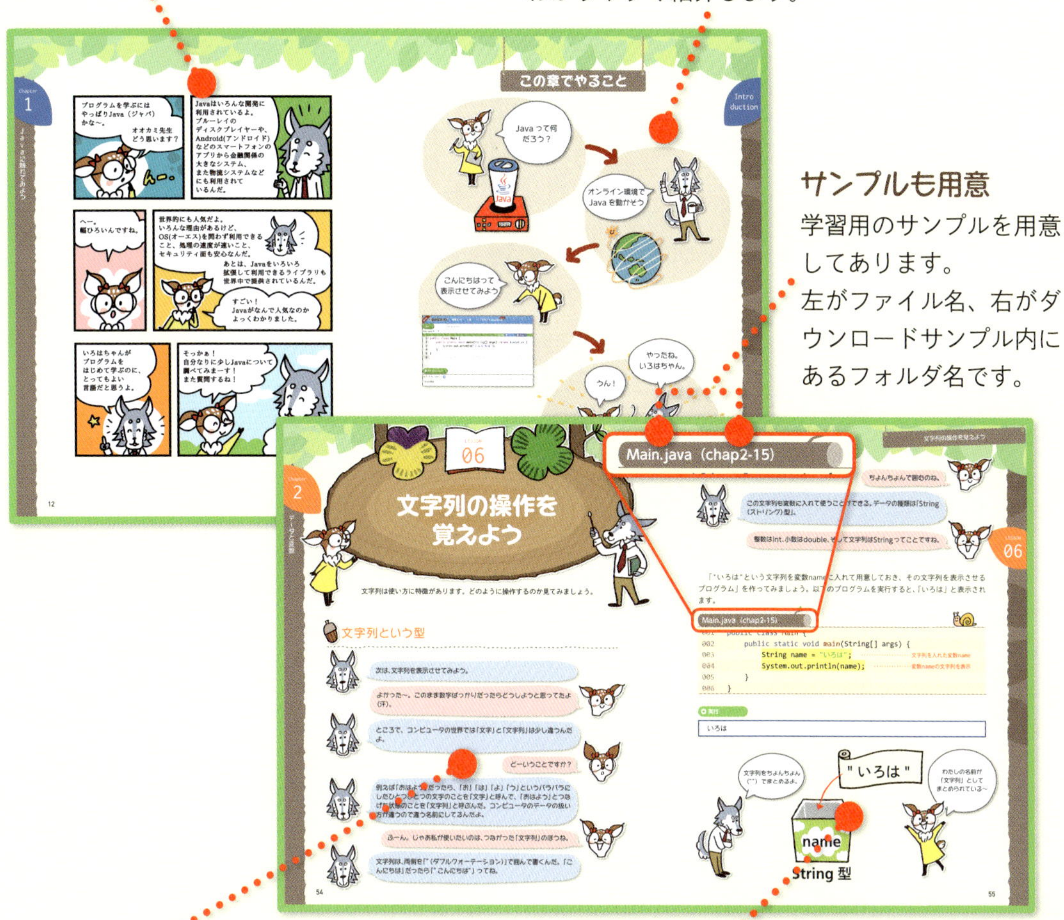

サンプルも用意

学習用のサンプルを用意してあります。左がファイル名、右がダウンロードサンプル内にあるフォルダ名です。

会話形式で解説

オオカミ先生といろはちゃんの会話を主体にして、概要やサンプルについて楽しく解説します。

イラストで説明

難しい言いまわしや説明は省いて、イラストを多く利用して、丁寧に解説します。

本書のサンプルのテスト環境とサンプルファイルについて

本書のサンプルのテスト環境

本書のサンプルは以下の環境で、問題なく動作することを確認しています。

OS：Windows 10、macOS Sierra（10.12.x）
実行環境：paiza.IO（パイザ・アイオー）
URL https://paiza.io/ja
ブラウザ：Google Chrome、Internet Explorer、Microsoft Edge、Firefox、Safari

サンプルファイルのダウンロード先

本書で使用するサンプルファイルは、下記のサイトからダウンロードできます。適宜必要なファイルをご使用のパソコンのハードディスクにコピーしてお使いください。

- **サンプルプログラムのダウンロードサイト**
URL http://www.shoeisha.co.jp/book/download/9784798143514/

特典ファイルのダウンロード先

本書の特典ファイルは、下記のサイトからダウンロードできます。

- **特典ファイルのダウンロードサイト**
URL http://www.shoeisha.co.jp/book/present/9784798143514/

免責事項について

サンプルファイルは、通常の運用において何ら問題ないことを編集部および著者は認識していますが、運用の結果、万一いかなる損害が発生したとしても、著者および株式会社翔泳社はいかなる責任も負いません。すべて自己責任においてお使いください。

2018年4月
株式会社翔泳社　編集部

第1章

Javaに触れてみよう

Javaはいろんな開発に
利用されているよ。
ブルーレイの
ディスクプレイヤーや、
Android(アンドロイド)
などのスマートフォンの
アプリから金融関係の
大きなシステム、
また物流システムなど
にも利用されて
いるんだ。

世界的にも人気だよ。
いろんな理由があるけど、
OS(オーエス)を問わず利用できる
こと、処理の速度が速いこと、
セキュリティ面も安心なんだ。

あとは、Javaをいろいろ
拡張して利用できるライブラリも
世界中で提供されているんだ。

すごい！
Javaがなんで人気なのか
よっくわかりました。

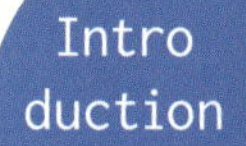

この章でやること

こんにちはって
表示させてみよう

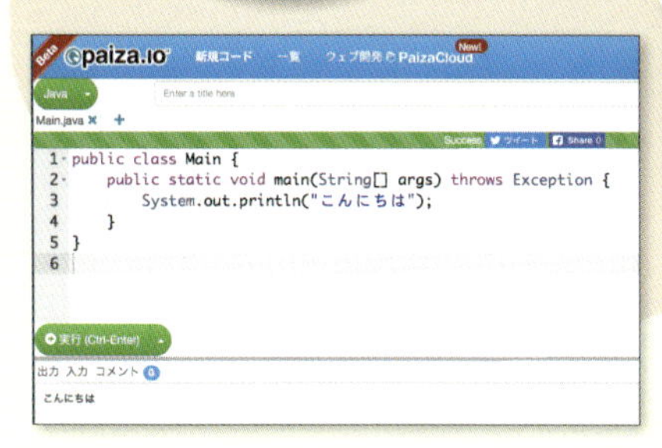

Javaって何だろう

さあ、これからJavaをはじめましょう。Javaっていったいどんなものなのでしょうか？

センセイ！教えて欲しいことがあります。

いろはちゃん、どうしたの？

私、「オブジェクト指向」を理解したいんです。

おやおや、いきなりなんだい。

この頃、Java言語を勉強したいなって思ってるんですよ。でも、ときどき「オブジェクト指向」っていう言葉が出てくるんですけど、これって難しいらしいんです。

フムフム。

でも、一人で勉強するのは心配なんで、センセイに教えてもらえたら、うれしいかなって……

なるほど。じゃあ、Javaをはじめから勉強してみるかい？

よし、やったぁ！ よろしくお願いしま～すっ！

Javaってどんな言語？

Java（ジャバ）は、今から20年以上も前に誕生したプログラミング言語です。サン・マイクロシステムズ社で開発されました。今ではJavaはいろいろなところで使われています。Android（アンドロイド）アプリはほとんどJavaでできていますし、ブロックを積み重ねてゲームの世界を作っていくMinecraft（マインクラフト）のPC版（JAVA EDITION）、開発環境ソフトのEclipse（エクリプス）などもJavaで作られています。おなじみのTwitter（ツイッター）やEvernote（エバーノート）、ショッピングサイトの楽天市場でも使われていますし、三菱UFJ銀行やみずほ銀行のシステムでも使われています。このようにいろいろなところで幅広く使われている人気のあるプログラミング言語です。

Android の Web サイト

Evernote の Web サイト

Javaの3つの特長

Javaには、３つの特長があります。

特長①：いろいろなコンピュータで動く

一番目の特長は「いろいろなコンピュータで動くこと」です。

普通、Windows用のアプリはWindowsだけ、macOS用のアプリはmacOSだけでしか動きません。

しかし、Javaの場合、開発環境と実行環境が違っても動かすことができるのです。Windowsで作られた実行ファイルでも、そのままmacOSやLinux環境のRaspberry Pi（ラズベリーパイ）で動かすことができるのです。

これは「Write Once, Run Anywhere（一度書いたら、どこでも動く）」といわれているしくみです。

なぜJavaだけこのようなことができるのでしょうか。それは「Javaの実行ファイル」はコンピュータ上で直接実行させるのではなく、「JVM（Java Virtural Machine：ジャバ バーチャル マシン）」と呼ばれる仮想マシンの上で実行させているからです。

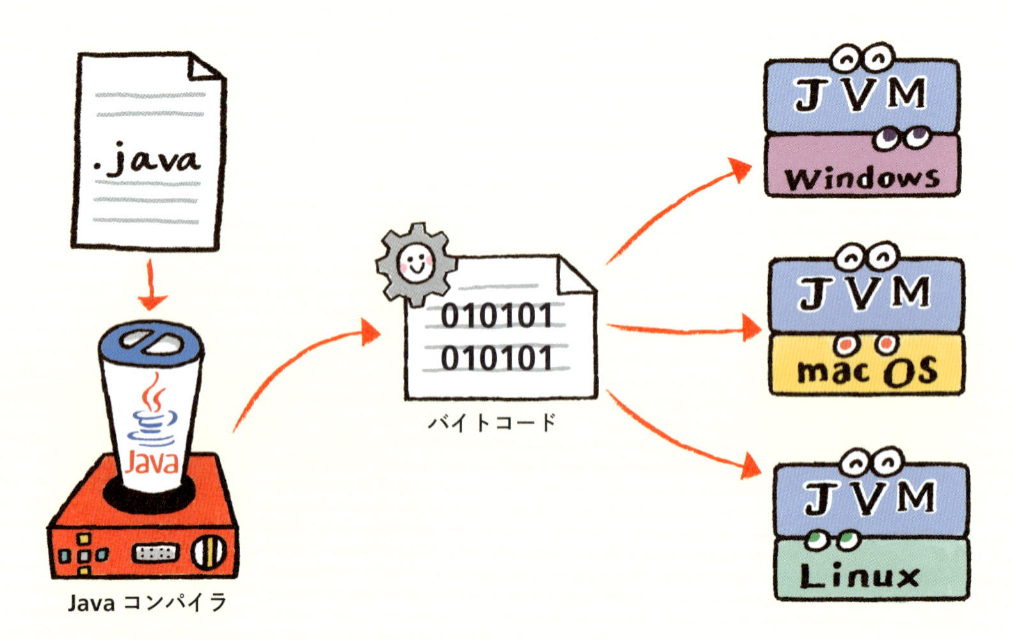

これはまるで、「画像ファイル」と「Photoshop（フォトショップ）ソフト」の関係や、「文書ファイル」と「Word（ワード）ソフト」の関係に似ています。ソフトのほうがWindowsにもmacOSにも対応しているので、ファイルはどこでも共通に使えるのです。

Javaの場合も、コンピュータにはあらかじめ「そのコンピュータ用の仮想マシン」をインストールしておきます。実行ファイルは、その仮想マシンに読み込ませて実行させるので、同じファイルをどこでも使うことができるというわけです。

「コンピュータの違いを意識せずにプログラミングできる言語」なので、それだけいろいろなコンピュータで広く使われているのです。

特長②：オブジェクト指向（しこう）

Javaは、オブジェクト指向で開発する言語です。

オブジェクト指向とは、「複雑な問題を効率よく解決するために生まれた考え方」です。専門用語も多く、これまでの単純なプログラミングの考え方よりは、難しそうに思えます。

初心者の頃は、このオブジェクト指向でつまずいてしまうことがよくあります。それは、これまでと「ものの見方が違う考え方なのだ」ということに、気付きにくいからです。

オブジェクト指向とは、「どんなものの見方をする考え方なのか」「どんなときに使うのか」「どう考えて作ればいいのか」ということがわかれば、とても便利な考え方であることが感じられると思います。

この本の第4章と第5章では、このオブジェクト指向について解説をしていきます。

専門用語はなるべく避け、できるだけ日常的な感覚で理解できるようにしています。まずは、オブジェクト指向を身近に感じてみましょう。そうすればその後、さらに専門的な書籍へと進んでいけるようになりますよ。

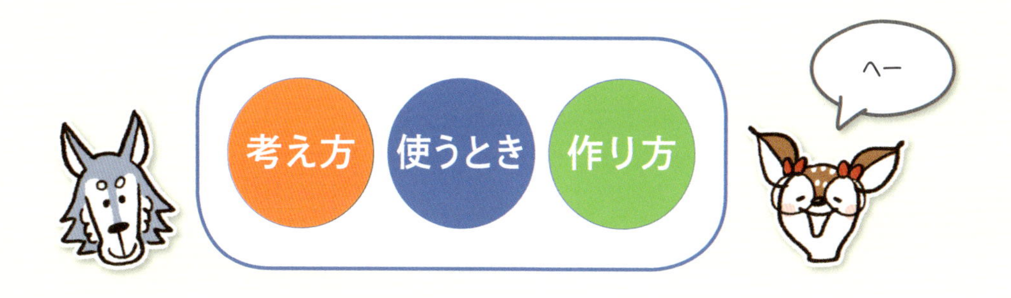

特長③：ライブラリが豊富

Javaは、ライブラリが豊富です。

オブジェクト指向言語にはプログラムの再利用性が高いという特長があり、利用できるライブラリがたくさん用意されています。

数学計算系、文字処理系、日時処理系、ネットワーク系、ファイル操作系、などよく使う処理がライブラリに用意されているので、効率よくプログラムを作れるようになっています。

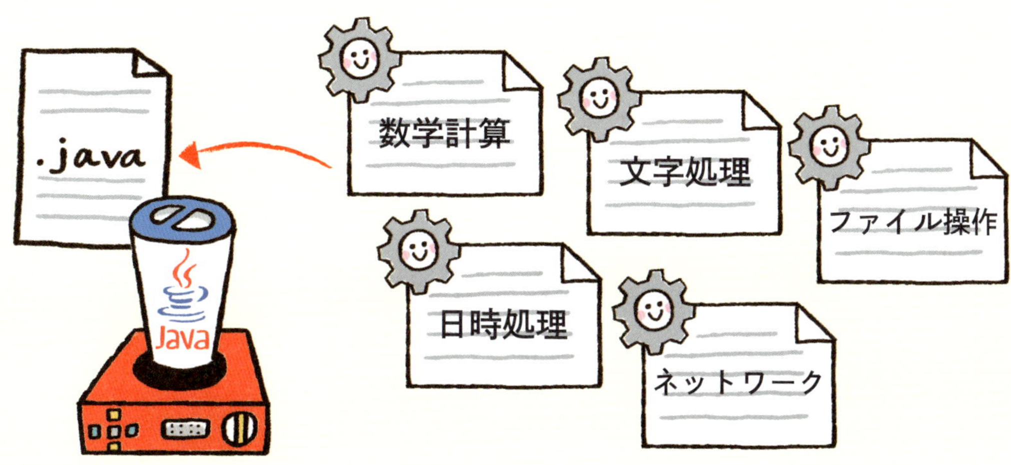

開発に必要なものは？

自分のパソコンでJavaのプログラミングをはじめましょう。

そのためには、まず「開発環境を準備すること」が必要です。開発環境の準備とは、開発に必要なソフトをパソコンにインストールして、設定を行うことです。最低限必要なものは次の3つです。

1. Java のプログラムを書くソフト：テキストエディタ

Javaのプログラムはテキストファイルに書いていくので、テキストエディタが必要です。テキストエディタは、Windowsなら「メモ帳」、macOSなら「テキストエディット」といった標準でついてくるソフトがあります。また、もう少し高機能な「Atom」や「Sublime Text」といったソフトもあります（両方とも、Windows版、macOS版があります）。

2. Java の実行ファイルを作るソフト：JDK（Java Development Kit）

Java のサイトから、自分のパソコン（Windows/macOS/Linux）用の JDK ファイルをダウンロードしてインストールします。

3. Java のプログラムを実行するソフト：JRE（Java Runtime Environment）

Java のサイトから、自分のパソコン（Windows/macOS/Linux）用の JRE ファイルをダウンロードしてインストールします。仮想マシン（JVM）はこの中に入っています。

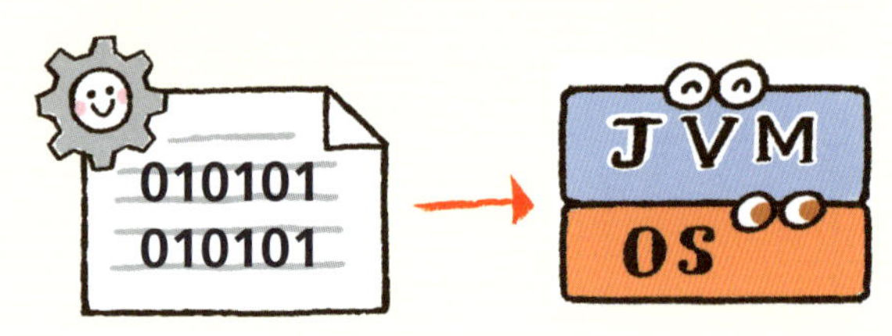

コマンドプロンプトによる開発の様子

ただし、これはコマンドプロンプト（macOSではターミナル）で開発を行う環境なので使いやすいとはいえません。多くの場合、もっと効率よくプログラミングを行える「統合開発環境（IDE）」を使います。Eclipse（エクリプス）や、NetBeans（ネットビーンズ）、IntelliJ IDEA（インテリジェイ アイディア）などです。

これらは基本的に無料のソフトで、使いはじめるととても便利な環境です。ただし、インストール時に少々手間がかかります。日本語化するにはさらに手間がかかることもあります。ベテランプログラマーにとってはなんでもないことですが、Javaの初心者にとっては最初のハードルとなってモチベーションを下げさせてしまうのが、この開発環境の準備だったりするのです。

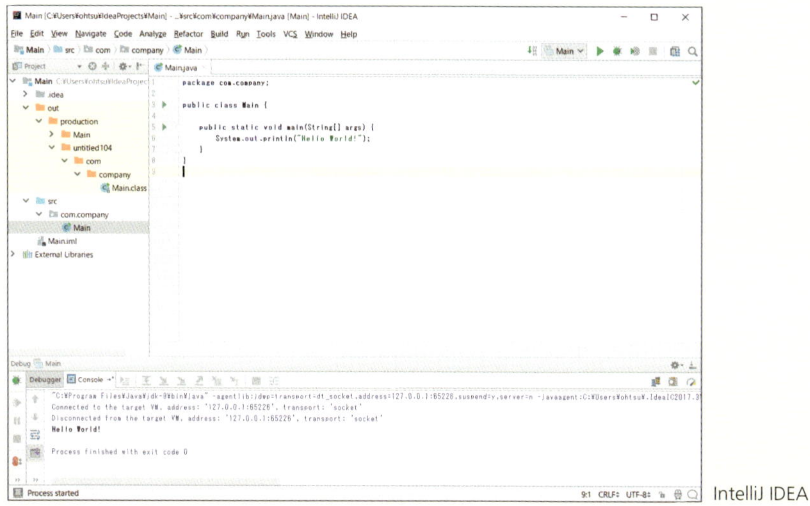

IntelliJ IDEA

コマンドプロンプト

コマンドプロンプト（macOS ではターミナル）とは、テキストだけが表示される画面の中で、コンピュータを「コマンド」と呼ばれるテキスト命令文を入力して、操作や設定を行うツールです。文字だけで操作を行うので、普通のユーザーはあまり使いませんが、コンピュータの設定を行うエンジニアは使うことがあります。

そこでこの本では、これらの環境を使わず、「簡単にはじめることができる環境」で学習することにしました。それは「オンライン環境」です。

Chapter 1 Javaに触れてみよう

LESSON 02

paiza.IO（パイザ・アイオー）で簡単体験

Javaの学習には、簡単にはじめることができるオンライン環境を使いましょう。ブラウザさえあれば、Windowsや macOS、Linuxでもすぐにはじめることができます。

私のパソコンでJavaを使えるようにしたいんですけど、具体的にどうすればいいですか？

まずは、開発環境の準備からはじめようか。

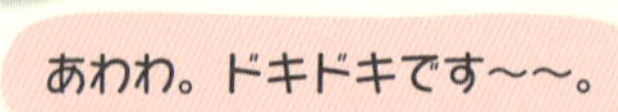

大丈夫だよ。目的は「Javaの学習」だから、簡単に使えるオンライン環境を使うんだ。

オンライン環境？

ブラウザでページを開くだけで、すべてできちゃう。プログラムの入力から実行までできるんだよ。

よかった〜。それなら私にもできそう。

paiza.IO（パイザ・アイオー）って何？

この本では、オンライン環境の「paiza.IO」を使います。paiza.IOは、ブラウザ上でプログラムの入力と実行ができる学習用のサイトです。開発環境の準備をする必要もありません。初心者が気軽に安心して使うことができます。

しかも、24種類以上ものプログラミング言語に対応しています。Java以外のプログラミング言語もちょっと触ってみたいな、などというときにもすぐに試すことができます。

こんな便利なサイトですが、あくまで「学習用のサイト」ですので、ビジネスには使えません。ここでJavaの学習をして理解したら、次はちゃんと開発を行うために、がんばって統合開発環境（IDE）を準備しましょう。

paiza.IOにサインアップ

paiza.IOは、サインアップ（ユーザー登録）をしなくてもすぐに使えますが、サインアップすればプログラムを保存することができるようになります。ブラウザを終了しても、ログインすればまた続きを行うことができるのです。無料で登録できるので、ぜひサインアップしましょう。サインアップに必要なものはメールアドレスだけです。

①paiza.IOサイトを開きます。

まずは、paiza.IOのサイトを開きましょう。

<paiza.IOのサイト>https://paiza.io/ja

この状態で、［新規コード］ボタン（または［コード作成を試してみる（無料)］ボタン）をクリックすると、Javaのプログラミングを体験することもできますが、サインアップへ進みましょう。サインアップすればプログラムを保存することができるようになります。

②サインアップします。

右上の❶［サインアップ］ボタンをクリックして、サインアップダイアログを開きます。❷ユーザ名、メールアドレス、パスワード、パスワード（確認）を入力して❸［サインアップ］ボタンをクリックしましょう。サイトの上に「アカウント確認のリンクが入っているメールを送りました。」と表示されて、入力したメールアドレスにメールが届きます。

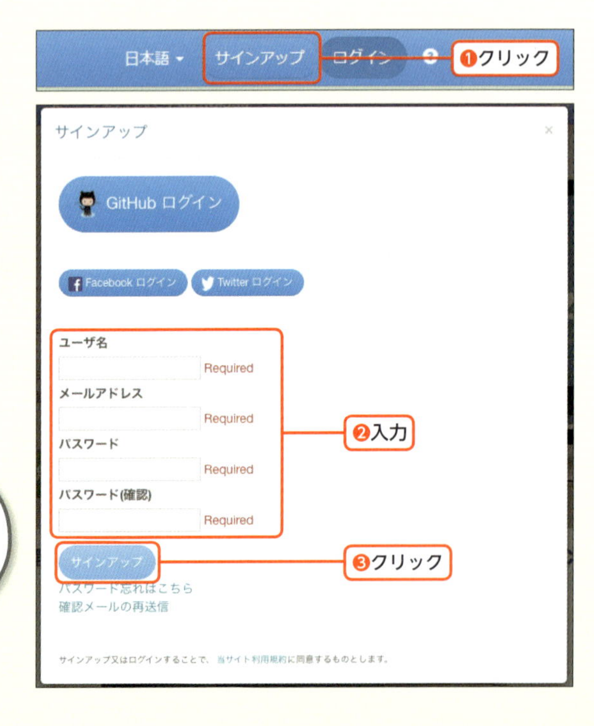

③アカウントを確認します。

届いたメールを開くと、❶「アカウントを確認する」というリンクがあるのでクリックしましょう。❷サイトの上に「アカウントを登録しました。」と表示されます。

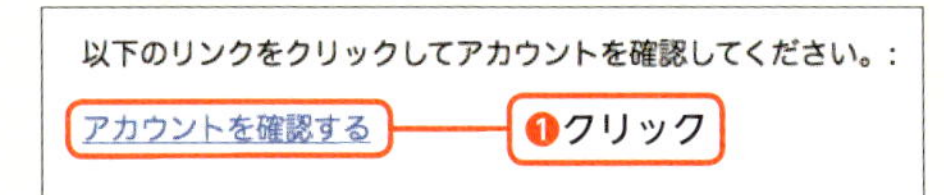

④ログインします。

右上の❶［ログイン］ボタンをクリックして、ログインダイアログを開きます。❷メールアドレス、パスワードを入力して❸［ログイン］ボタンをクリックしましょう。❹サイトの上に「ログインしました。」と表示されて、ログインが完了します。

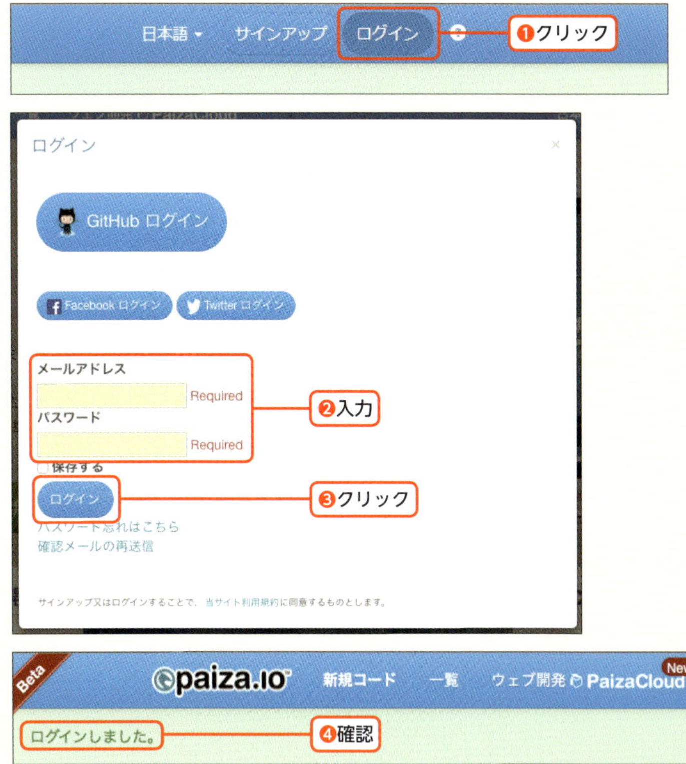

「こんにちは」と表示させよう

それでは、Javaをはじめましょう。[新規コード] ボタンをクリックして、言語の種類で [Java] を選ぶだけです。Javaプログラムで「こんにちは」と表示させてみましょう。

1 [新規コード]をクリックします。

❶ [新規コード] ボタン（または [コード作成を試してみる（無料）] ボタン）をクリックしましょう。

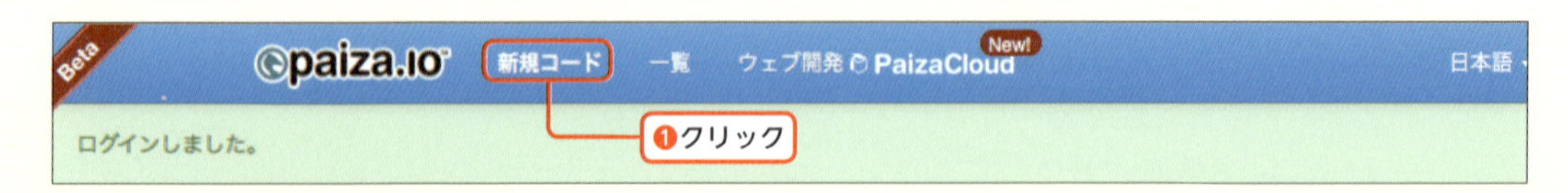

❶エディタの設定をクリックして、バックを白くして見やすくしておきましょう。❷ここでは [Eclipse] を選択しています。

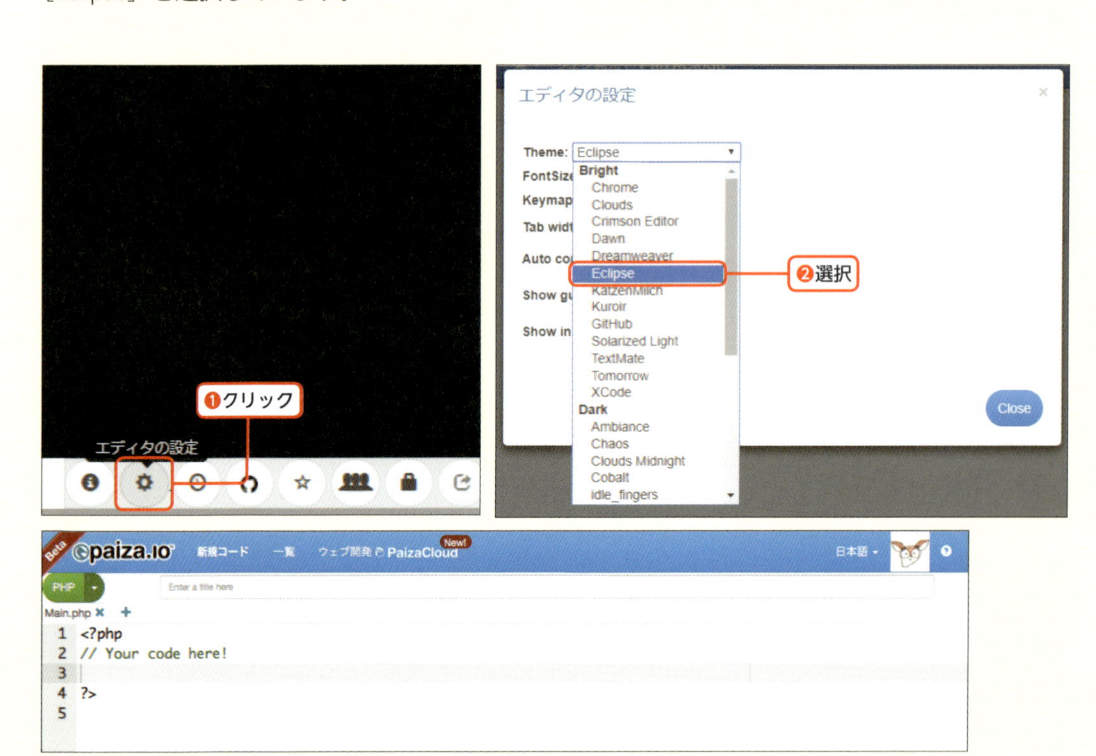

② Javaを選択します。

paiza.IOではいろいろなプログラミング言語が使えるので、初回はJava以外の言語で表示されている場合があります。❶マウスカーソルを左上の緑のボタンに移動させると言語一覧が現れるので、❷Javaをクリックしましょう。❸Javaに切り替わります。次回からは、最初からJavaで開きます。

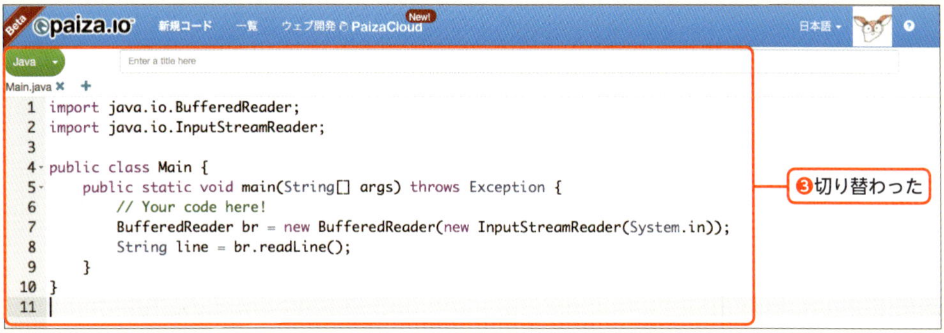

❶合わせる

❷クリック

❸切り替わった

Main.java

```
001  import java.io.BufferedReader;
002  import java.io.InputStreamReader;
003
004  public class Main {
005      public static void main(String[] args) throws Exception {
006          // Your code here!
007          BufferedReader br = new BufferedReader(new InputStreamReader(System.in));
008          String line = br.readLine();
009      }
010  }
011
```

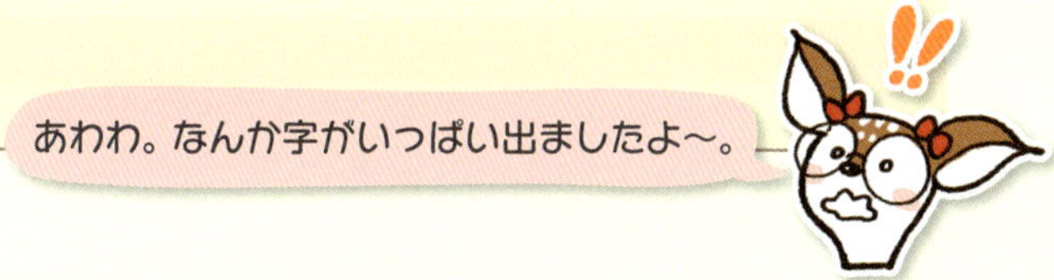

実行

あわわ。なんか字がいっぱい出ましたよ～。

このままでも大丈夫だけど、わかりにくいから不要な部分は消しちゃおう。まず6～8行目を消して、次に1～3行目を消してみて。それから、「throws Exception」の部分も消しちゃおう。

③ 不要な行を削除します。

まず、6～8行目を削除して、次に1～3行目を削除します。「throws Exception」も削除します。

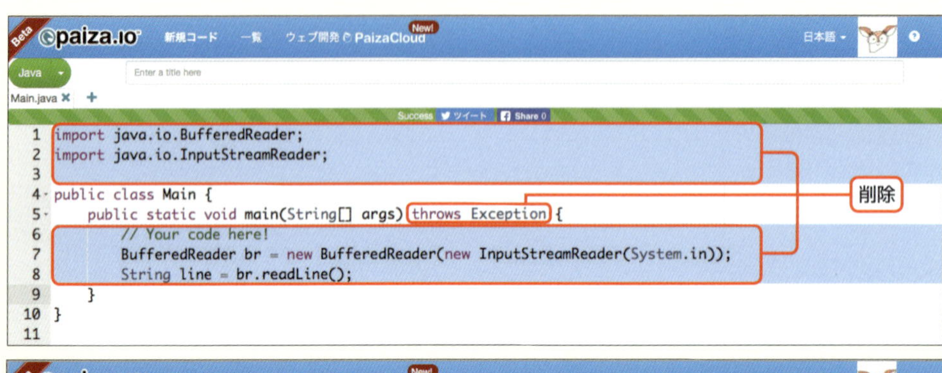

最初からあるプログラムについて

これは、paiza.IO が用意した独特な新規コードで、ブラウザ上からデータ入力できるプログラムが追加されています。あっても問題ないので、消すのがややこしければ、そのまま残しておいてもかまいません。

コードを消しました。だいぶすっきりしたけど、まだ少しありますよ。なんですかコレ？

この残った4行が、Javaの最初のプログラム部分なんだ。二重の波カッコで囲まれているのがわかるかな。

外側の波カッコと、内側の波カッコで二重になってますね。

```
public class Main {
    public static void main(String[] args) {

    }
}
```

「public class Main」のあとからはじまる波カッコ部分が「この中は、プログラムを書くところ」ということを表しているんだ。「クラス」っていうんだけど、詳しくはのちのち説明するね。

内側の波カッコはなんですか？

「public static void main」のあとからはじまる波カッコ部分が「この中は、実行直後すぐ行う命令を書くところ」ということを表しているんだ。

この中は、プログラムを書くところ

```
public class Main {
    public static void main(String[] args) {

    }
}
```

この中は、実行直後すぐ行う命令を書くところ

④ プログラムを書きます。

それでは、「こんにちは」と表示させてみようかな。「public static void main...」の行の最後で改行して1行空けて、そこに「System.out.println("こんにちは");」と入力だ。

いよいよか〜。緊張するう〜。

入力ができたら［実行］ボタンをクリックしよう。Javaプログラムが実行されるよ。

うおおぉ。「こんにちは」って出ました〜。

Main.java（chap1-1）

```
001  public class Main {
002      public static void main(String[] args) {
003          System.out.println("こんにちは");
004      }
005  }
```

実行

```
こんにちは
```

System.out.println();って何？

文字や数値を表示させる命令

```
System.out.println();
```

文字や数値を表示させる命令が、「System.out.println();」です。

「public static void main…」の行の最後で改行して1行空けて、そこに「System.out.println("こんにちは");」を入力してみましょう。［実行］ボタンをクリックすると、実行されて「出力」エリアに「こんにちは」と表示されます。

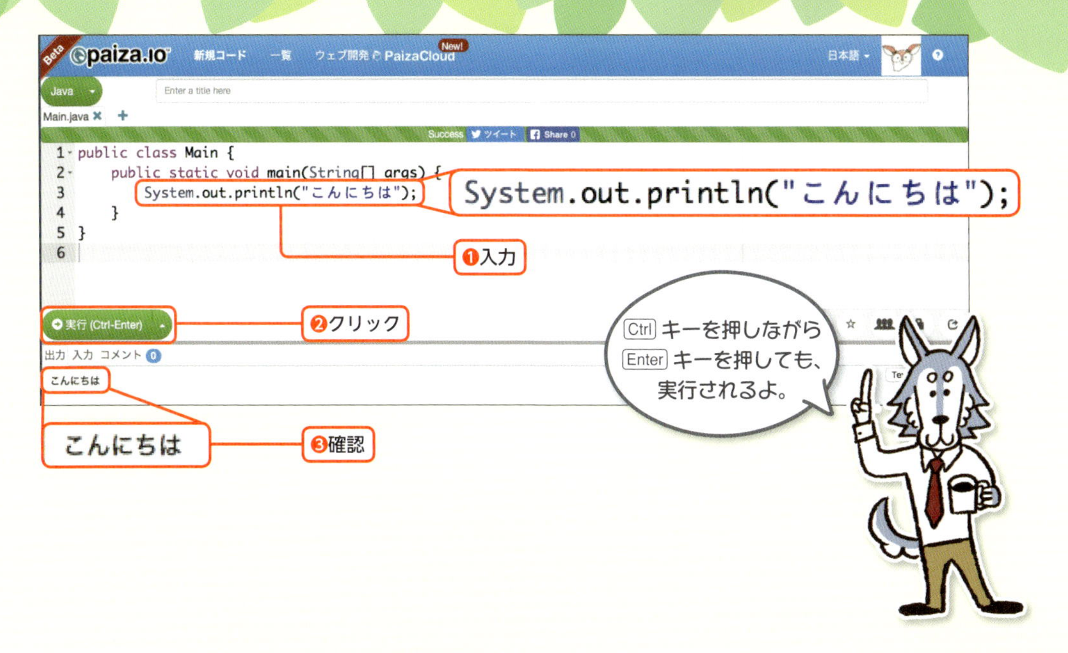

Ctrlキーを押しながらEnterキーを押しても、実行されるよ。

今入力したのが文字を表示させる命令なのね。ようし、じゃあ続けて「いろはちゃん」って表示させてみようっと。

いいねぇ。やってごらん。

あれれ？ エラーになっちゃった。なんでかな。

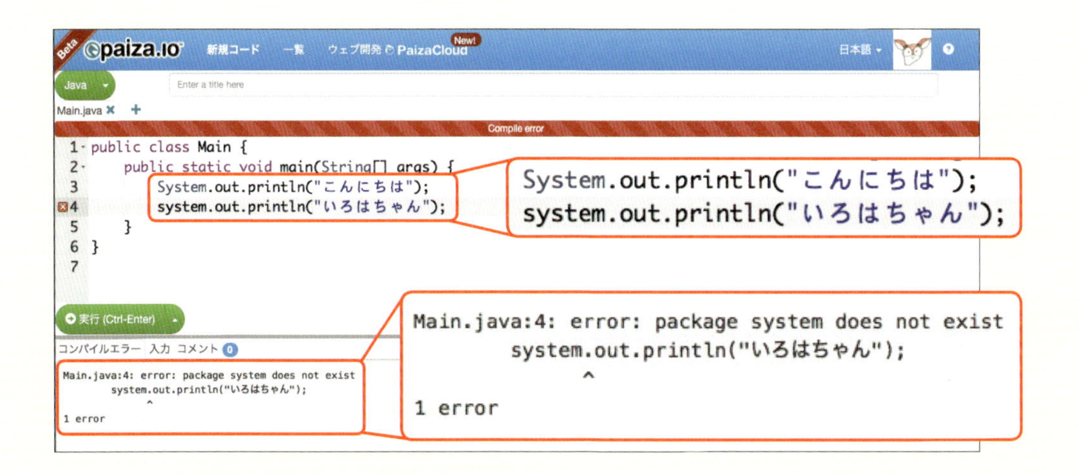

2つの命令文をよくくらべて見てごらん。どこかに違いがあるよ。

ん〜と。最初のS(エス)が小文字になってるぐらいだけど。えっ。こんなぐらいでエラーになっちゃうの？

そうなんだ！　プログラムは大文字と小文字が違うだけでも違う命令だと思ってしまうから注意が必要なんだ。大文字のSに直してみて。

Main.java（chap1-2）

```
001  public class Main {
002      public static void main(String[] args) {
003          System.out.println("こんにちは");
004          System.out.println("いろはちゃん");
005      }
006  }
```

実行

```
こんにちは
いろはちゃん
```

やったー。Javaが「いろはちゃん」っていってくれました〜。

```
1 public class Main {
2     public static void main(String[] args) {
3         System.out.println("こんにちは");
4         System.out.println("いろはちゃん");
5     }
6 }
7
```

System.out.println("いろはちゃん");

こんにちは
いろはちゃん

第2章

データと変数

paiza.IO(パイザ・アイオー)だと
簡単にJavaを実行できるんですね！
感動しました。

それはよかった。
まず簡単なものを動かして
体験するのはいいことだよ。

この章でやること

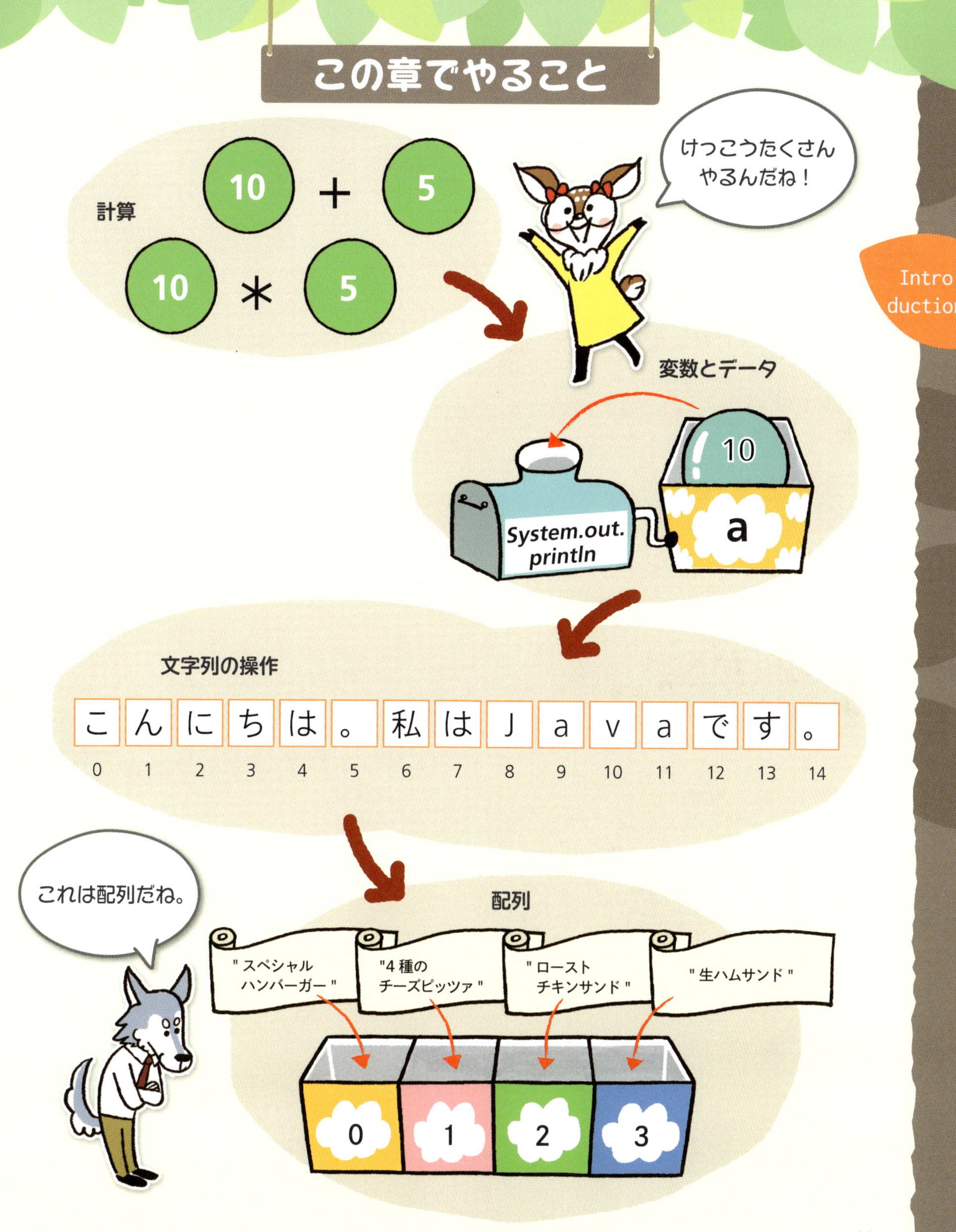

Intro
duction

計算しよう

コンピュータは計算が基本です。いろいろな計算をしてみましょう。

それじゃあ、Javaで計算をしてみよう。

はーい。

足し算は「+」、引き算は「-」、かけ算は、「*」、わり算は「/」記号を使って計算するよ。

そんなのわかってますよー。って、あれれ？ かけ算やわり算の記号が変ですよ。

これには理由があるんだ。かけ算の「×（かける）」は、英文字の「x（エックス）」と似てるよね。

まあ。似てますねー。

「xかけるx」だと「x×x」となって、読み間違えしやすい。

ほんとだ。どれが「かける」だかよくわからない。

そこでかけ算は「*」を使って「かける」と区別することにしたんだ。

じゃあ「÷」は？

「÷」の記号はキーボードにないよね？ いちいち変換しないと出せない記号だから、すぐ入力できる「/」記号を使ってるんだ。

でも、なんで「/」記号なの？

わり算を分数で表しているような感じかな。例えば「1 ÷ 2」は分数でいうと「$\frac{1}{2}$」だよね。これをちょっと斜めに倒して「1/2」と、表現したんだ。

へ〜。

演算子で計算

足し算、引き算、かけ算、わり算などに使う記号のことを「演算子（えんざんし）」といいます。演算子を使うと計算することができます。

書式：演算子の種類

演算子	働き	演算子	働き
+	足し算	*	かけ算
-	引き算	/	わり算
		%	余り

ただし、計算はコンピュータ内部で行われるだけなので、人間がその結果を知るためには表示させる必要があります。第1章で使った「System.out.println();」の命令で表示させましょう。( )の中に値や計算式を入れて指定すれば表示できます。

書式：println()

```
System.out.println(値または計算式);
```

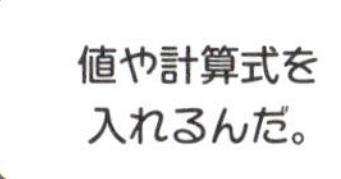

例として「10+5」「10－5」「10×5」「10÷5」の計算をするプログラムを入力して実行させてみましょう。計算結果がちゃんと表示されますね。

Main.java（chap2-1）

```
001  public class Main {
002      public static void main(String[] args) {
003          System.out.println(10 + 5);    ············10+5を計算して表示
004          System.out.println(10 - 5);    ············10-5を計算して表示
005          System.out.println(10 * 5);    ············10×5を計算して表示
006          System.out.println(10 / 5);    ············10÷5を計算して表示
007      }
008  }
```

実行

```
15
5
50
2
```

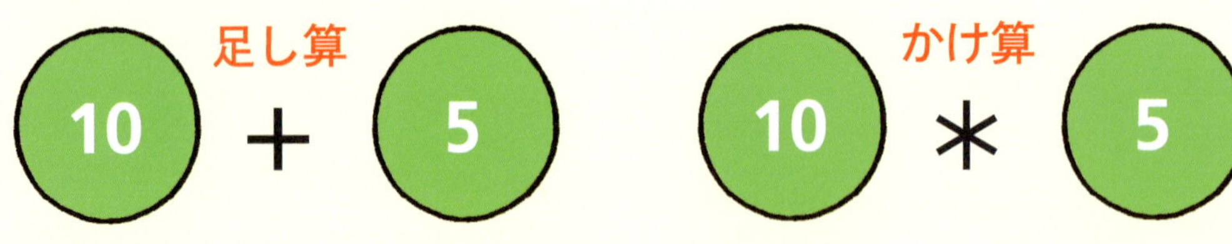

整数と実数の計算

では次に「10÷4」の計算をしてみましょう。計算してみると「2.5」と表示されるはずなのに、「2」と表示されます。なぜでしょうか。

Main.java（chap2-2）

```
001  public class Main {
002      public static void main(String[] args) {
003          System.out.println(10 / 4);    ············10÷4を計算して表示
004      }
005  }
```

実行

```
2
```

これは「10 / 4」という「整数だけでできた計算式」をJavaが見て、**「この式を書いた人は整数だけの計算をしたいのだな」**と判断して、「整数部分だけの答え」を返しているのです。「小数部分までの答えが欲しいとき」は、計算式の中で小数を使います。

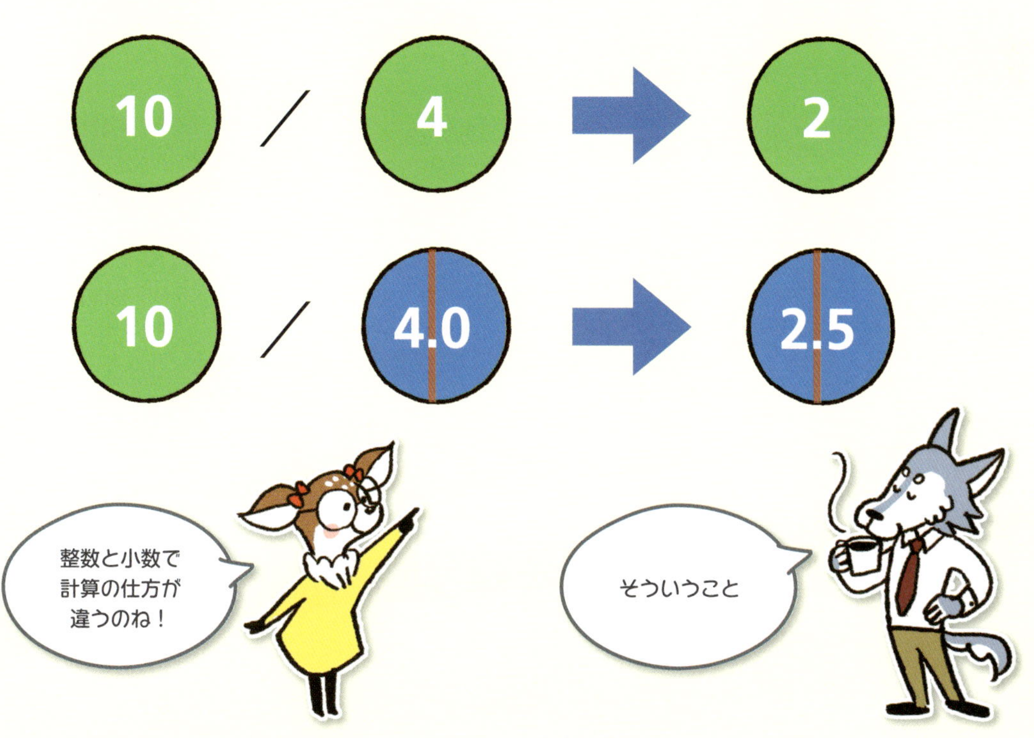

例えば「10 / 4.0」に修正して計算してみましょう。すると「この式を書いた人は小数までの計算をしたいのだな」と判断して、Javaは「2.5」を返します。

Main.java (chap2-3)

```
001    public class Main {
002        public static void main(String[] args) {
003            System.out.println(10 / 4.0);    ··········10÷4.0を計算して表示
004        }
005    }
```

実行

```
2.5
```

余りを求める

では、先ほどの「整数部分だけの答え」は、何に使うのでしょうか。それは「余り計算」をしたいときなどに使います。「/」で商を求めて、「%」で余り部分を求め、2つを使って余り計算を行うのです。「10 / 4」で商の2、「10 % 4」で余りの2が求まるので、「2 余り 2」が求まります。

Main.java (chap2-4)

```
001    public class Main {
002        public static void main(String[] args) {
003            System.out.println(10 / 4);    ·········10÷4の商を計算して表示
004            System.out.println(10 % 4);    ·········10÷4の余りを計算して表示
005        }
006    }
```

実行

```
2
2
```

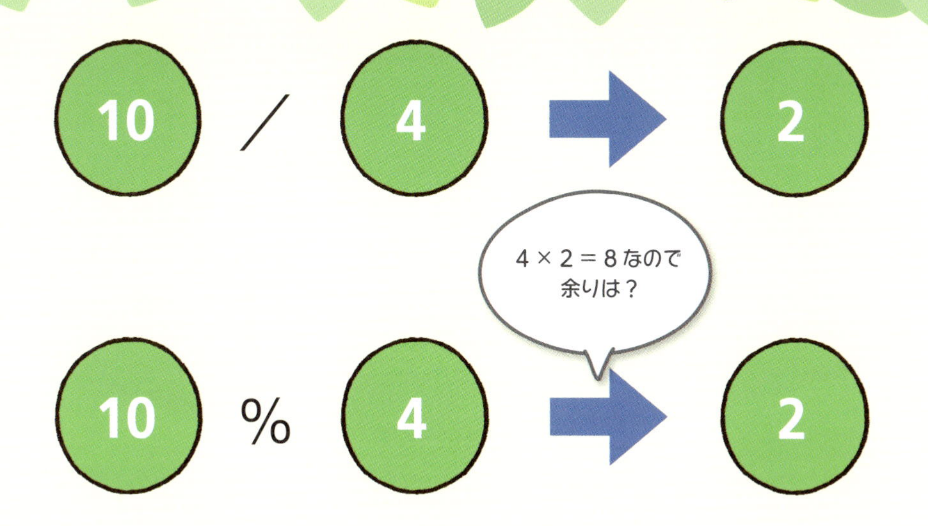
10
/
4
2
4 × 2 = 8 なので
余りは？
10
%
4
2

わり算は /、
余りは%。
覚えておいてね。

LESSON 04

データの種類

プログラムではデータは重要です。データの入れ物や、データの種類を見てみましょう。

計算できました〜。でも私が頭で計算するときは、整数か、小数かなんてあまり意識したことなかったですよ。

人間って思ってるよりもかしこくて、目的に応じて無意識のうちにうま〜くやってるところがあるからね。

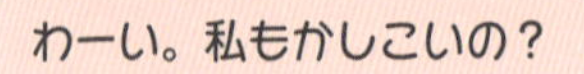

わーい。私もかしこいの？

でも、コンピュータは人間が考えてる目的を知らないから、「何をしようとしているのか」をちゃんと教えてあげる必要がある。「こんな目的で計算するから、こういう種類のデータを使って」って、指示する必要があるんだよ。

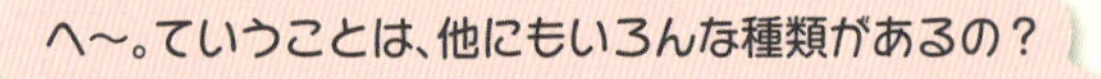

へ〜。ていうことは、他にもいろんな種類があるの？

いろいろあるよ。データの種類のことを「データ型」というんだけど、いろいろ見てみようか。

整数型

Javaが扱えるデータには、いろいろな種類があります。これを「データ型」といいます。整数型は、物の個数を数えたり、順番を表すときに使います。同じ整数型でも、数の大きさによって種類がいろいろあります。何も指定しなければ、intとして扱われます。

データ型	用途	範囲
int（イント）	普通の整数	約-21億〜21億
long（ロング）	かなり大きな整数	約-900京〜900京
short（ショート）	小さな整数	-32768〜32767
byte（バイト）	コンピュータの基本部分で使う小さな数	-128〜127

「10000 + 5000の整数の計算」をしてみましょう。

Main.java（chap2-5）

```
001  public class Main {
002      public static void main(String[] args) {
003          System.out.println(10000 + 5000);  ····10000と5000を足して表示
004      }
005  }
```

実行

```
15000
```

※「京」は「兆」の次の単位です。1億の1万倍が「兆」で、1兆の1万倍が「京」です。

浮動小数点型

浮動小数点型は、物の長さや重さを表したり、その計算に使います。有効桁数には限界があるので、多少の誤差が許されるものに使います。同じ浮動小数点型でも、精度の違いによってdoubleとfloatの2種類があります。doubleはfloatの2倍の高い精度があるのですが、そのためメモリも2倍消費します。Javaでは何も指定しなければ、doubleとして扱われます。

浮動小数点型は、難しい呼び名だけど、よく利用されるデータ型だよ。

データ型	用途	範囲
double（ダブル）	一般的な計算	有効桁数は、15桁程度
float（フロート）	メモリを節約したいとき	有効桁数は、7桁程度

「10000.1 + 5000.1の小数の計算」をしてみましょう。

Main.java（chap2-6）

```
001 public class Main {
002     public static void main(String[] args) {
003         System.out.println(10000.1 + 5000.1);
                                  ………… 10000.1と5000.1を足して表示
004     }
005 }
```

実行

```
15000.2
```

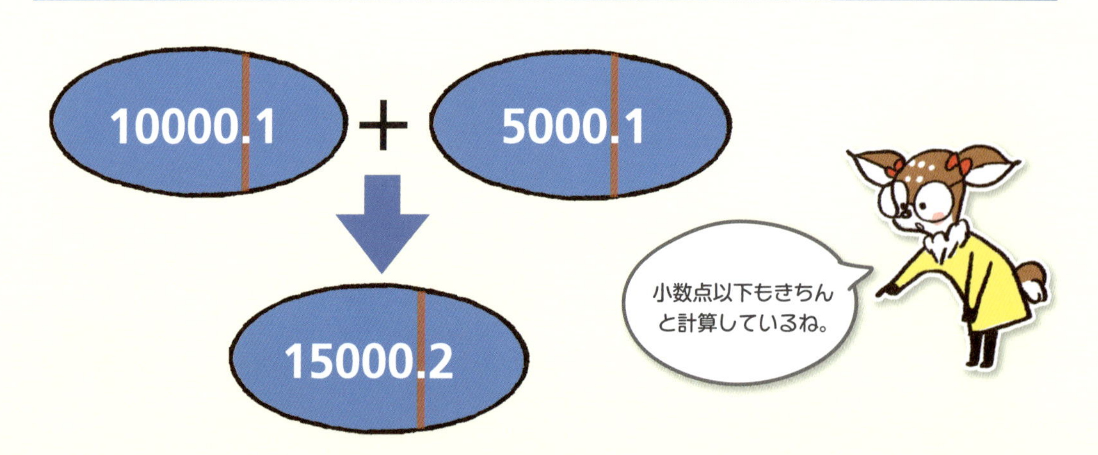

ブール型

ブール型は、「はい」か「いいえ」で答えるような二者択一のデータに使います。「はい」の値を「true（真）」、「いいえ」の値を「false（偽）」と表します。

データ型	用途	範囲
boolean（ブーリアン）	二者択一の表現をするデータ	true（真）,false（偽）

「trueの値を表示」をしてみましょう。

Main.java（chap2-7）

```
001  public class Main {
002      public static void main(String[] args) {
003          System.out.println(true);    ……………trueの値を表示
004      }
005  }
```

実行

```
true
```

データは「入れ物」に入れて使う

データを扱うときは、必ず「入れ物」に入れて扱います。このとき、データにあった入れ物を選ぶ必要があるのですが、どのような種類があるのか、見てみましょう。

いろはちゃんは、おやつを食べるときどうしてる？「ホットケーキ」は「お皿」に乗せるし、「熱いコーヒー」は「コーヒーカップ」に入れて飲むよね。

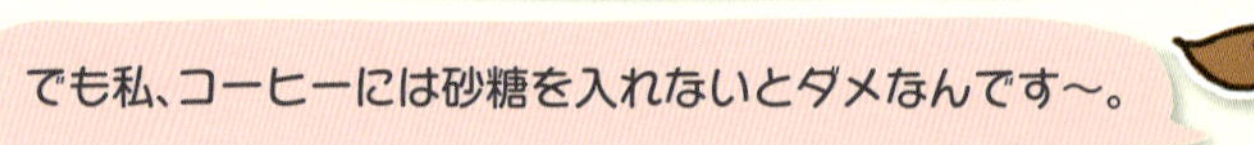

でも私、コーヒーには砂糖を入れないとダメなんです～。

じゃあその「砂糖」はどうしてる？だいたい「砂糖入れ」に入れてるよね。食べ物や飲み物は「用途にあった入れ物」に入れて使ってるはずだ。

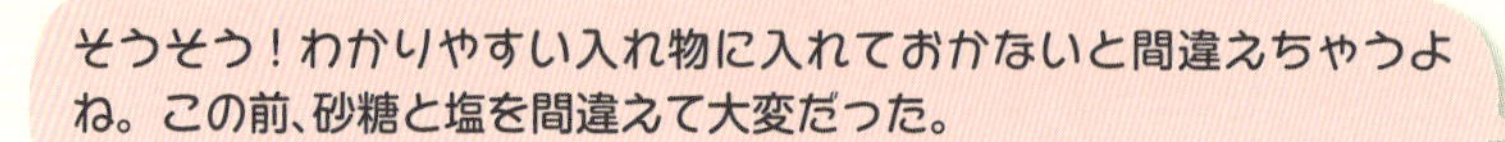

そうそう！わかりやすい入れ物に入れておかないと間違えちゃうよね。この前、砂糖と塩を間違えて大変だった。

プログラムも似てるよ。データを間違った入れ物に入れて使うとおかしくなる。データも「用途にあった入れ物」に入れて使うことが大事なんだ。この「データの入れ物」のことを「変数」っていうんだよ。

おやつもデータも「用途にあった入れ物」に入れるのね～。

変数の作り方（宣言）

入れ物かぁ。
私も筆記用具は
お気にいりの筆箱
を使っているよ。

データは「変数（へんすう）」という「データの入れ物」に入れて使います。データを一時的に保管しておいてあとで利用したり、計算結果を入れる受け皿として使ったりします。

最初はまず、「データの入れ物」を作るところからはじめます。これを宣言といいます。「データ型 変数名;」と書いて変数を作ります。「どんな種類のデータを入れるのか」をきちんと指定する必要があるのです。例えば「整数を入れる変数aを作る」なら、「int a;」と書いて作ります。

書式：宣言（変数を作る）

```
データ型 変数名;
```

変数名は、ルールさえ守れば好きなようにつけることができます。そのルールとは、主に以下の3つです。

1. 1文字目はアルファベットか「_」か「$」を使うこと
2. 2文字目以降はさらに数字も使える
3. Javaが予約している予約語は使えない

CAUTION

Javaの主な予約語

これらは、Java が予約している予約語なので変数名に使うことができません。

```
abstract,continue,for,new,switch,assert,defau
lt,if,package,synchronized,boolean,do,goto,pr
ivate,this,break,double,implements,protected,
throw,byte,else,import,public,throws,case,enu
m,instanceof,return,transient,catch,extends,i
nt,short,try,char,final,interface,static,void
,class,finally,long,strictfp,volatile,const,f
loat,native,super,while
```

変数の使い方1（代入）

「データの入れ物」ができたら、値を入れて使います。これを代入といいます。「変数名 = 値（または式）;」と書いて使います。例えば「変数aに10を入れる」なら「a = 10;」と書きます。

書式：代入（変数に値を入れる）

```
変数名 = 値;
```

変数の使い方2（参照）

「データの入れ物」に入れた値は、変数名を使って取り出して使います。これを参照といいます。例えば、「変数aに入っている値に10を足したい」なら「a+10;」と書いて値を取り出して足し算をします。「変数aに入っている値を表示させたい」なら、「System.out.println(a);」と書いて値を取り出して表示します。

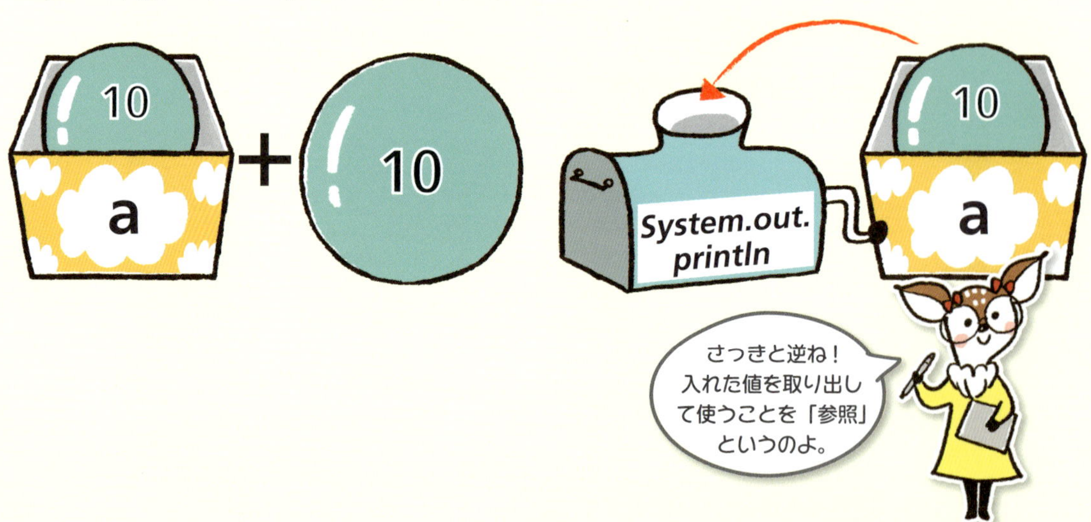

では、「変数aに10を入れて、変数aの値を参照して表示させるプログラム」を作ってみましょう。以下のプログラムを実行すると、「10」と表示されるはずです。

Main.java（chap2-8）

```
001  public class Main {
002      public static void main(String[] args) {
003          int a;            ……変数aの宣言
004          a = 10;           ……変数aに10を入れる
005          System.out.println(a);  ……変数aの値を表示
006      }
007  }
```

実行

```
10
```

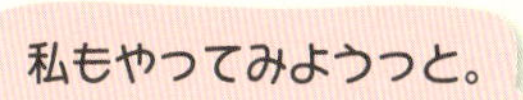

Main.java（chap2-9）

```
001  public class Main {
002      public static void main(String[] args) {
003          int a;            ……変数aの宣言
004          System.out.println(a);  ……変数aの値を表示
005      }
006  }
```

実行

```
Main.java:4: error: variable a might not have been initialized
        System.out.println(a);
                           ^
1 error
```

あちゃー。またエラーだよ～。

おやおや。4行目が抜けてるよ。このエラーは「変数aに値が何も入っていないのに、表示させようとしてる」というエラーだね。

うーん。気をつけてたんだけどなー。

値の入っていない変数はエラーになるから気をつけないとね。でも、こうしたミスを減らす方法があるよ。

センセイ。それ教えて！

変数を作るときに、初期値を入れてしまうんだ。そうすれば、入れ忘れがないだろう？

変数を作るとき、同時に初期値を入れることができます。「データ型 変数名 = 初期値;」と書いて変数を作ると同時に初期値を指定するのです。

書式：初期値を入れて変数を作る

```
データ型 変数名 = 初期値;
```

例えば「整数用の変数aに10を入れて作る」なら、宣言と代入を1行にまとめて「int a = 10;」と書いて作ります。以下のプログラムにすると、エラーにならずに実行されます。

Main.java（chap2-10）

```
001  public class Main {
002      public static void main(String[] args) {
003          int a = 10;  ･･････････････････････････変数aを宣言し、10を入れる
004          System.out.println(a);  ････････変数aの値を表示
005      }
006  }
```

LESSON 05

実行

```
10
```

さらに、「整数用の変数aに10、bに20を入れて作り、aとbを足した結果を表示する」ように修正してみましょう。このように変数同士を使った計算も行えます。

Main.java（chap2-11）

```
001  public class Main {
002      public static void main(String[] args) {
003          int a = 10;  ････････････････････････････････････変数aを宣言し、10を入れる
004          int b = 20;  ････････････････････････････････････変数bを宣言し、20を入れる
005          System.out.println(a + b);  ･･････････････aとbを足した答えを表示
006      }
007  }
```

実行

```
30
```

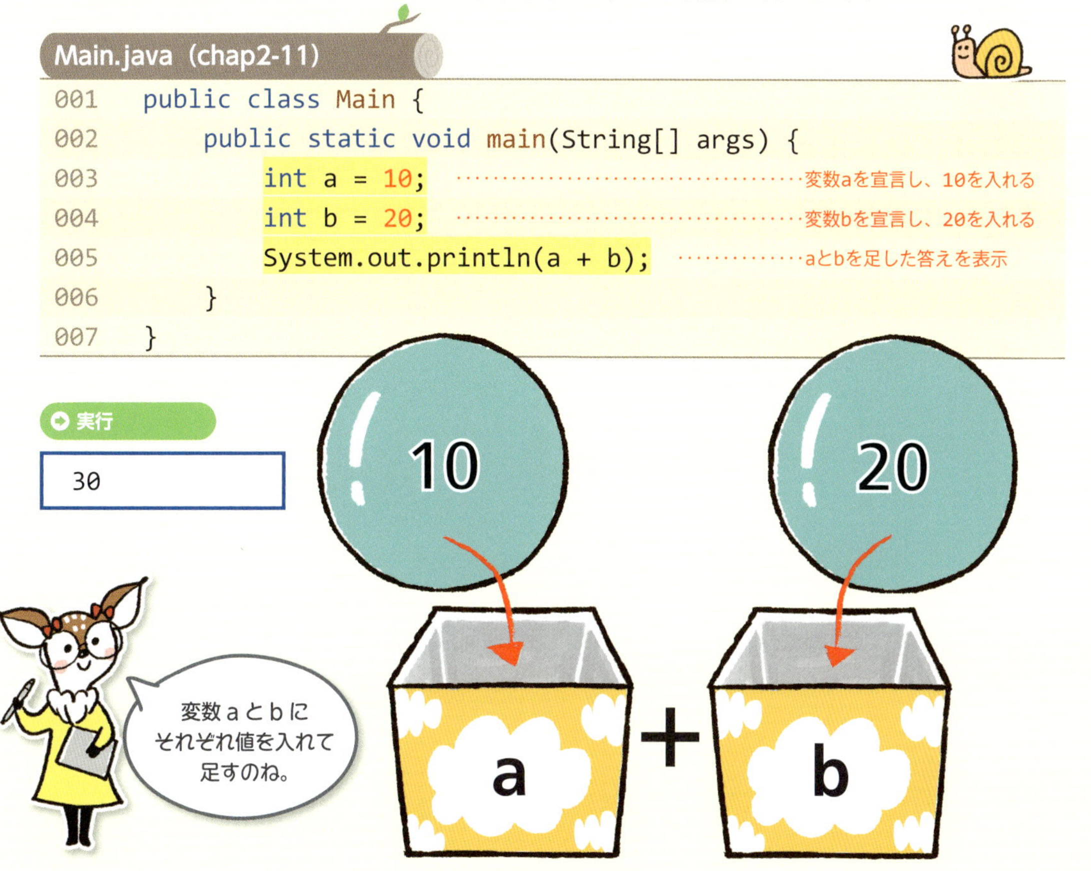

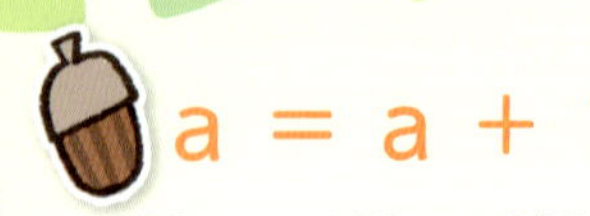

a = a + 1;?

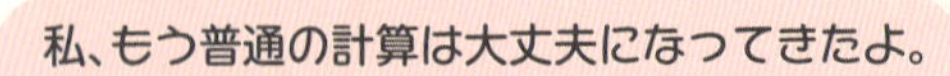

じゃじゃん。それではクイズです。「a = a + 1;」ってどういうことだかわかる？

「a = a + 1;」？なんなんですかこれ。この計算、合ってるの？

数式っぽいからつい数式として見てしまうけど、これは数式じゃないんだ。「=」の記号は、「右の値」を「左の変数」に代入する命令だよ。

あ、そっか。でも、両方にaがあるよ。

「=の右側」を先に見て、次に「=の左側」を見るようにしよう。「a + 1の答え」を「a」に入れなさいっていう命令なんだよ。

へー。時間差で見るのね。んーと、これをするとaに1足した値が再び入るから、「aが1増える」ってことかな。でも、何のために使うの？

わかりやすい使い方は、カウンターだね。「a = a + 1;」の命令が実行されるたびに、値が1つ増えるだろ。

変な式と思ったけど、使い方も変わってるねー。

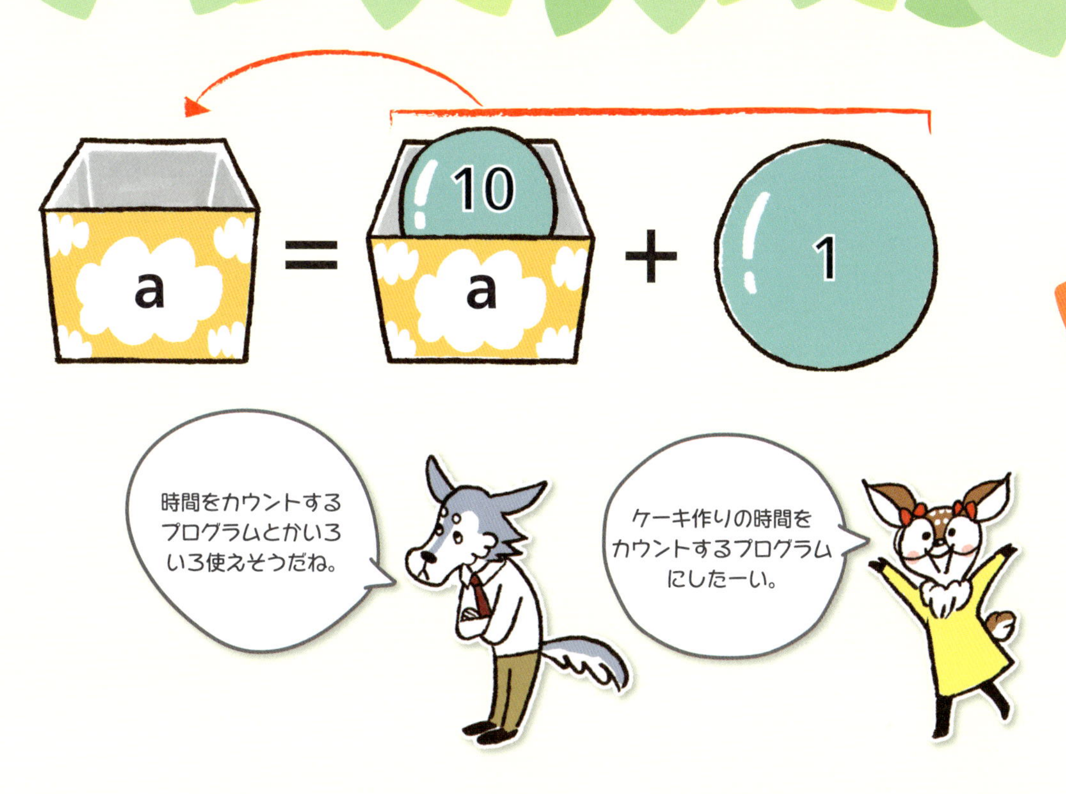

「10を入れた変数aを用意しておき、aに1を足してから表示させるプログラム」を作ってみましょう。以下のプログラムを実行すると、「11」と表示されます。

Main.java（chap2-12）

```
001  public class Main {
002      public static void main(String[] args) {
003          int a = 10;  ……10を入れた変数aを用意する
004          a = a + 1;  ……変数aに1を足す
005          System.out.println(a);  ……結果を表示
006      }
007  }
```

実行

```
11
```

複合代入演算子

このような「変数にある演算を行って、入れ直す」という処理は、プログラムではよく出てきます。ですので、「複合代入演算子」という専用の記号が用意されています。

例えば、「10を入れた変数aを用意しておき、その変数に2をかけて入れ直し、それを表示させるプログラム」を作ってみましょう。

以下のプログラムを実行すると、「20」と表示されます。

複合代入演算子

演算子	働き
変数 += 値;	変数に値を加えて、入れ直す
変数 -= 値;	変数から値を引いて、入れ直す
変数 *= 値;	変数に値をかけて、入れ直す
変数 /= 値;	変数を値で割って、入れ直す

Main.java（chap2-13）

```
001  public class Main {
002      public static void main(String[] args) {
003          int a = 10;              ……10を入れた変数aを用意する
004          a *= 2;                  ……変数aに2をかける
005          System.out.println(a);   ……結果を表示
006      }
007  }
```

実行

```
20
```

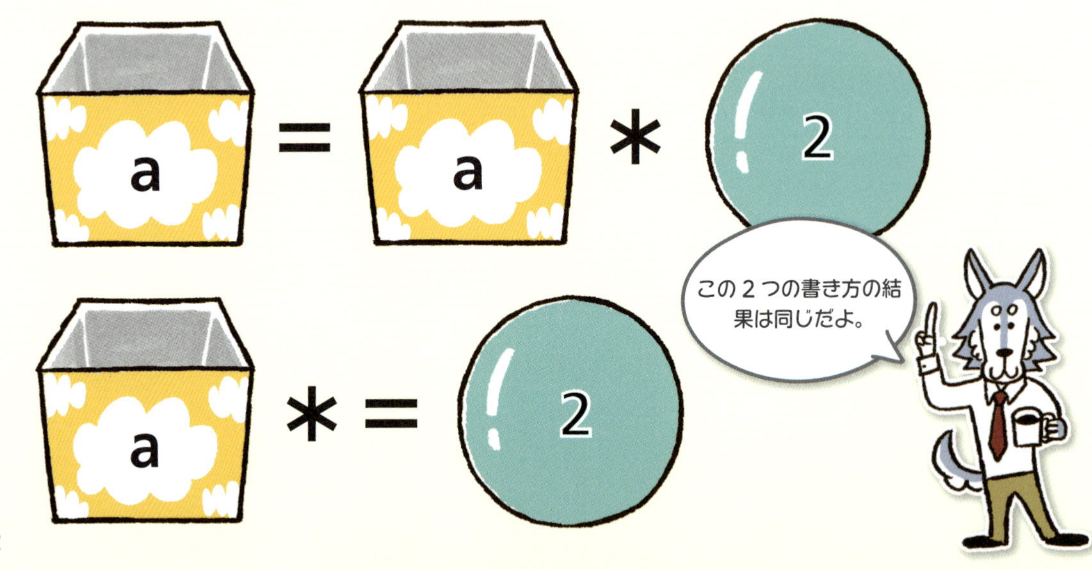

++と--

さらに一般的なプログラムでは、「順番に処理を行う場面」がたくさん出てきます。このとき「番号を1つ足して次の番号へ進める」という処理をよく行います。複合代入演算子を使って「a + = 1;」と書いてもいいのですが、あまりにもよく登場するので、「変数に1を足す」「変数から1を引く」という特別な演算子が用意されています。それが「++」と「--」です。

「++」は、インクリメント演算子といって「変数に1を足す演算子」です。
「--」は、デクリメント演算子といって「変数から1を引く演算子」です。

書式：インクリメント、デクリメント演算子

```
変数++;    ············変数に1を足す
変数--;    ············変数から1を引く
```

「10を入れた変数aを用意しておき、変数に1を足して表示させるプログラム」をインクリメント演算子で作ってみましょう。

Main.java（chap2-14）

```
001  public class Main {
002      public static void main(String[] args) {
003          int a = 10;    ··························10を入れた変数aを用意する
004          a++;   ··································インクリメント演算子で+1をする
005          System.out.println(a);   ········結果を表示
006      }
007  }
```

実行

```
11
```

LESSON 06

文字列の操作を覚えよう

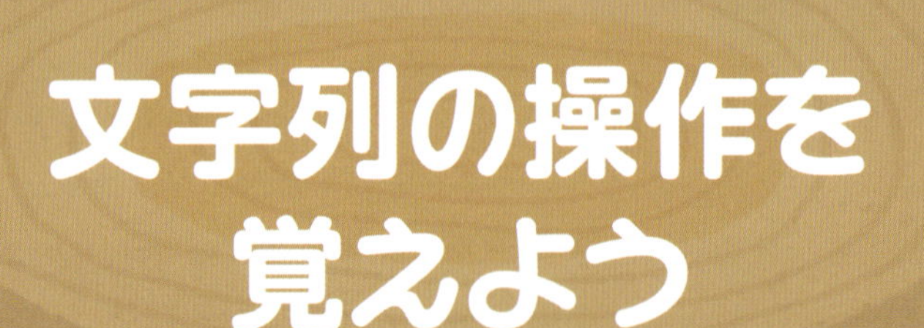

文字列は使い方に特徴があります。どのように操作するのか見てみましょう。

文字列という型

次は、文字列を表示させてみよう。

よかった〜。このまま数字ばっかりだったらどうしようと思ってたよ(汗)。

ところで、コンピュータの世界では「文字」と「文字列」は少し違うんだよ。

どーいうことですか？

例えば「おはよう」だったら、「お」「は」「よ」「う」というバラバラにしたひとつひとつの文字のことを「文字」と呼んで、「おはよう」とつなげた状態のことを「文字列」と呼ぶんだ。コンピュータのデータの扱い方が違うので違う名前にしてるんだよ。

ふーん。じゃあ私が使いたいのは、つながった「文字列」のほうね。

文字列は、両側を「" (ダブルクォーテーション)」で囲んで書くんだ。「こんにちは」だったら「" こんにちは"」ってね。

ちょんちょんで囲むのね。

この文字列も変数に入れて使うことができる。データの種類は「String（ストリング）型」。

整数はint、小数はdouble、そして文字列はStringってことですね。

「"いろは"という文字列を変数nameに入れて用意しておき、その文字列を表示させるプログラム」を作ってみましょう。以下のプログラムを実行すると、「いろは」と表示されます。

Main.java（chap2-15）

```
001  public class Main {
002      public static void main(String[] args) {
003          String name = "いろは";        ……文字列を入れた変数name
004          System.out.println(name);     ……変数nameの文字列を表示
005      }
006  }
```

実行

```
いろは
```

文字列をつなぐ

String型の変数は、文字列に便利な操作がいろいろできます。「+」演算子を使うと、文字列と文字列を連結することができます。

書式：文字列をつなぐ

```
文字列 + 文字列
```

「こんにちは。」と「私はJavaです。」の2つの文字列をつなげた文字列を作ってみましょう。

Main.java（chap2-16）

```
001 public class Main {
002     public static void main(String[] args) {
003         String word1 = "こんにちは。";          ……… 文字列を入れた変数word1
004         String word2 = "私はJavaです。";        …… 文字列を入れた変数word2
005         String word3 = word1 + word2;          …… つなげて変数word3に入れる
006         System.out.println(word3);             ……… 変数word3の文字列を表示する
007     }
008 }
```

実行

```
こんにちは。私はJavaです。
```

文字数を調べる

文字列の文字数を調べるには、「length()」という命令を使います。

書式：文字数を調べる

```
文字列.length()
```


先ほどの文字数を調べてみましょう。15文字あることがわかります。

Main.java（chap2-17）

```
001  public class Main {
002      public static void main(String[] args) {
003          String word1 = "こんにちは。";           ……文字列を入れた変数word1
004          String word2 = "私はJavaです。";         ……文字列を入れた変数word2
005          String word3 = word1 + word2;            ……つなげて変数word3に入れる
006          System.out.println(word3.length());
                                                     ……変数word3の文字数を表示する
007      }
008  }
```

実行

```
15
```

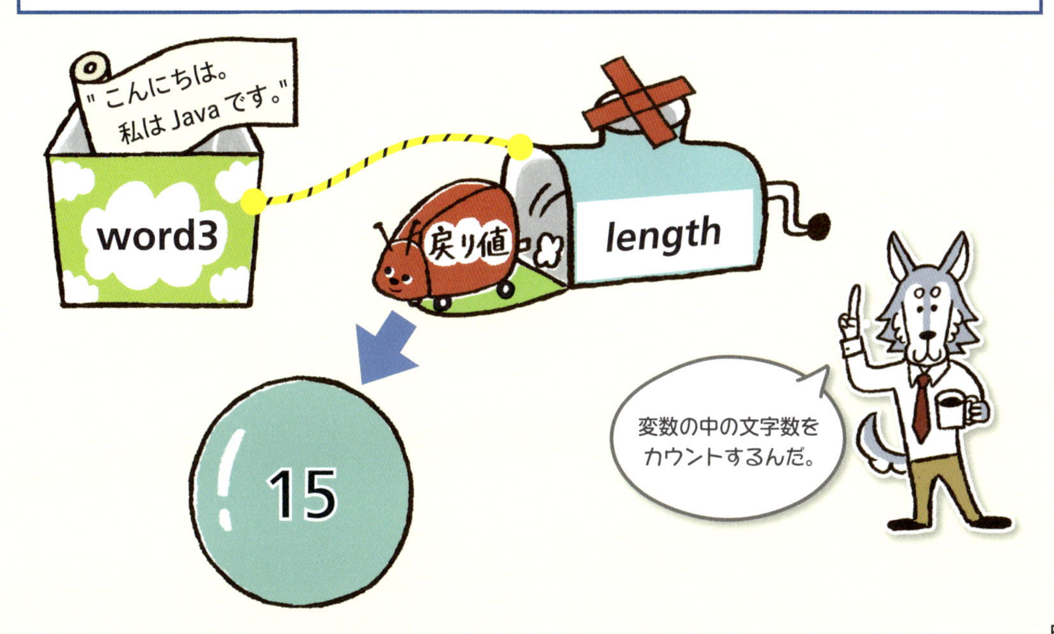

文字列の一部分を取り出す

文字列の中から一部分の文字を取り出すときは、「substring()」という命令を使います。「指定した位置から末尾までの文字列を取り出す」ことができます。

書式：指定位置から末尾までの文字列を取り出す

```
文字列.substring(位置A)
```
…………位置Aから末尾までの範囲

また、「指定した範囲の文字列を取り出す」こともできます。

書式：位置Aから位置B直前までの文字列を取り出す

```
文字列.substring(位置A, 位置B)
```
……………位置Aから位置Bの直前までの範囲

このとき、指定する位置は「0からはじまる番号」で指定します。先頭から「0」「1」「2」と割り当てられています。例えば、「こんにちは。私はJavaです。」という文字列は15文字なので「0～14」で指定します。

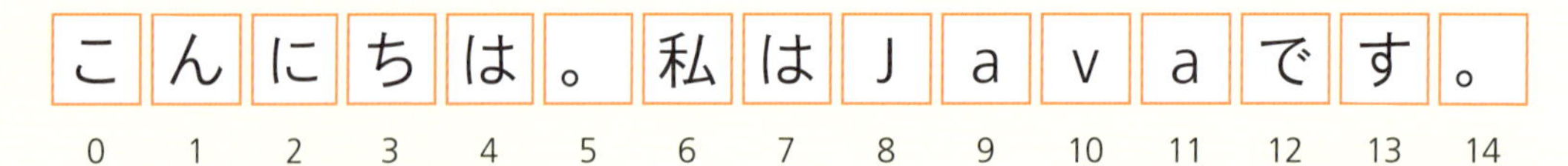

こ	ん	に	ち	は	。	私	は	J	a	v	a	で	す	。
0	1	2	3	4	5	6	7	8	9	10	11	12	13	14

「こんにちは。私はJavaです。」という文字列から、「私はJava」と、末尾の「です。」を取り出して表示してみましょう。「私はJava」は、6番目から12番目の直前までの範囲なので「word.substring(6,12)」、「です。」は12番目から末尾までなので「word.substring(12)」と指定します。

Main.java（chap2-18）

```
001  public class Main {
002      public static void main(String[] args) {
003          String word = "こんにちは。私はJavaです。";        ……文字列を入れた変数word
004          System.out.println(word.substring(6,12));  ……変数wordの6～11番目を表示
005          System.out.println(word.substring(12));     ……変数wordの12～末尾を表示
006      }
007  }
```

LESSON 06

実行

```
私はJava
です。
```

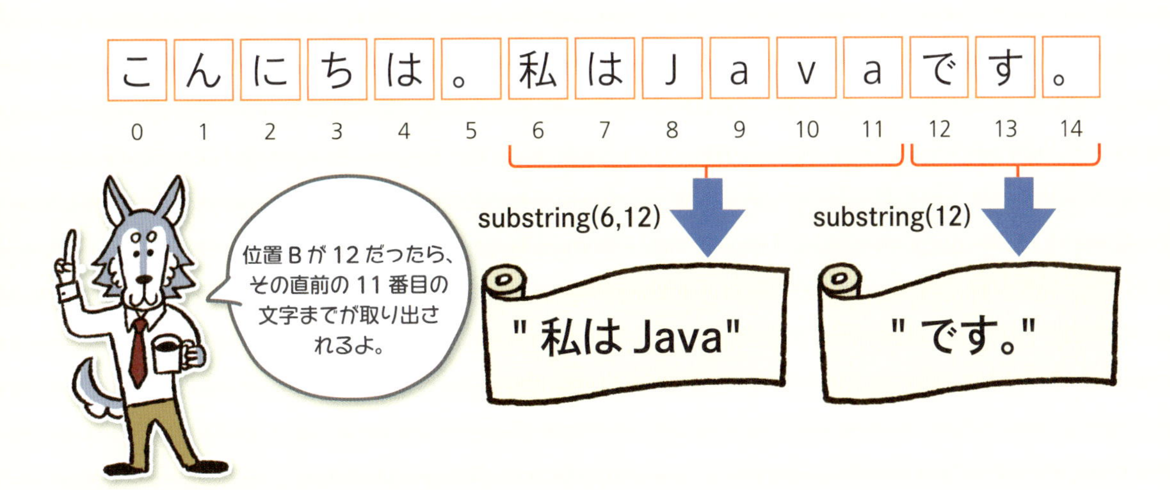

文字列の一部分を置き換える

文字列の中の一部分の文字を置き換えるときは、「replace()」という命令を使います。

書式：文字列を置き換える

```
文字列.replace(対象となる文字列, 置き換わる文字列)
```

「こんにちは。私はJavaです。」という文字列の、「Java」を「いろは」に置き換えてみましょう。「word.replace("Java","いろは")」と指定します。

Main.java（chap2-19）

```
001  public class Main {
002      public static void main(String[] args) {
003          String word = "こんにちは。私はJavaです。";
                                   ············文字列を入れた変数word
004          word = word.replace("Java", "いろは");
                                   ············変数wordの文字を置き換える
005          System.out.println(word);  ···············置き換えた文字列を表示
006      }
007  }
```

実行

```
こんにちは。私はいろはです。
```

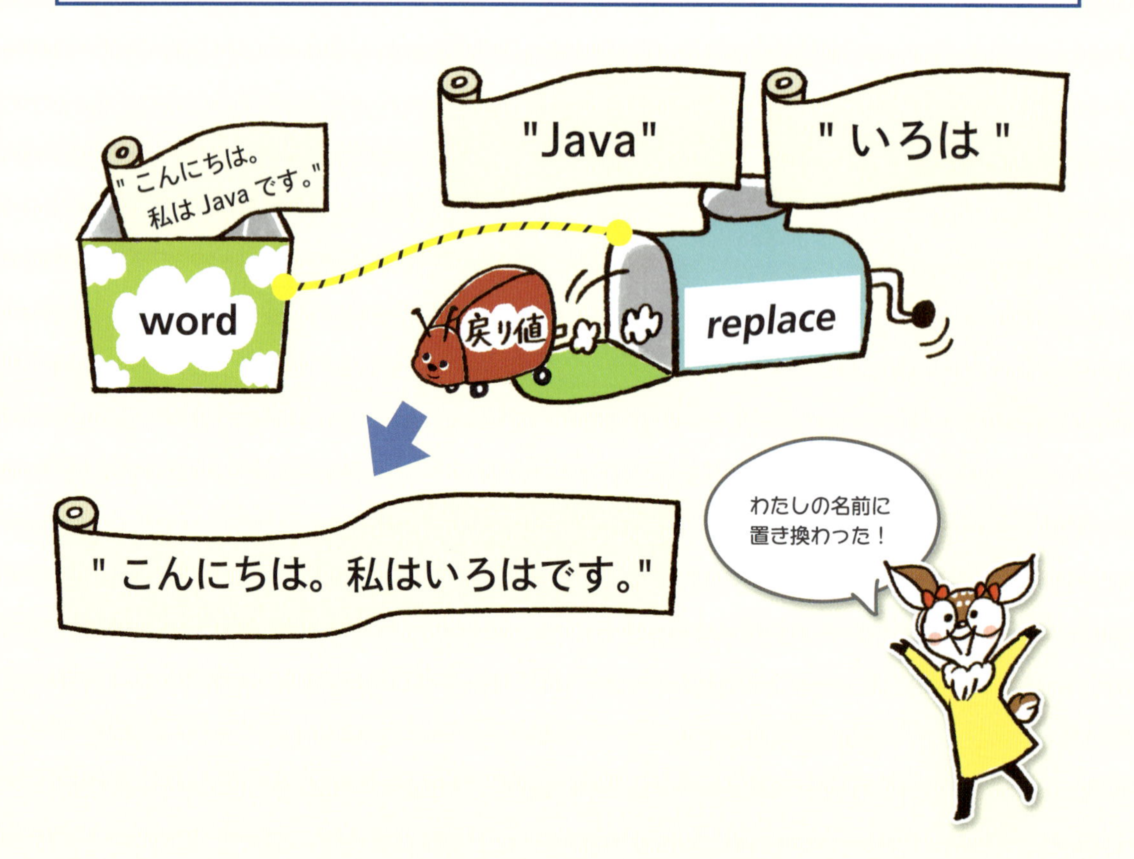

文字列と数値をつなぐ

「+」演算子を使うと、文字列と数値をつないで文字列にすることもできます。

書式：文字列と数値をつなぐ

```
文字列 + 数値
数値 + 文字列
```


「変数aと、変数bにそれぞれ10と20を入れておいて、その変数を使って"10x20=?"という文字列を作るプログラム」を作ってみましょう。

Main.java（chap2-20）

```
001 public class Main {
002     public static void main(String[] args) {
003         int a = 10;  ··········10を入れた変数a
004         int b = 20;  ··········20を入れた変数b
005         String question = a + "x" + b + "=?";
                         ··········つなげて変数questionに入れる
006         System.out.println(question);  ······変数questionの文字列を表示
007     }
008 }
```

実行

```
10x20=?
```

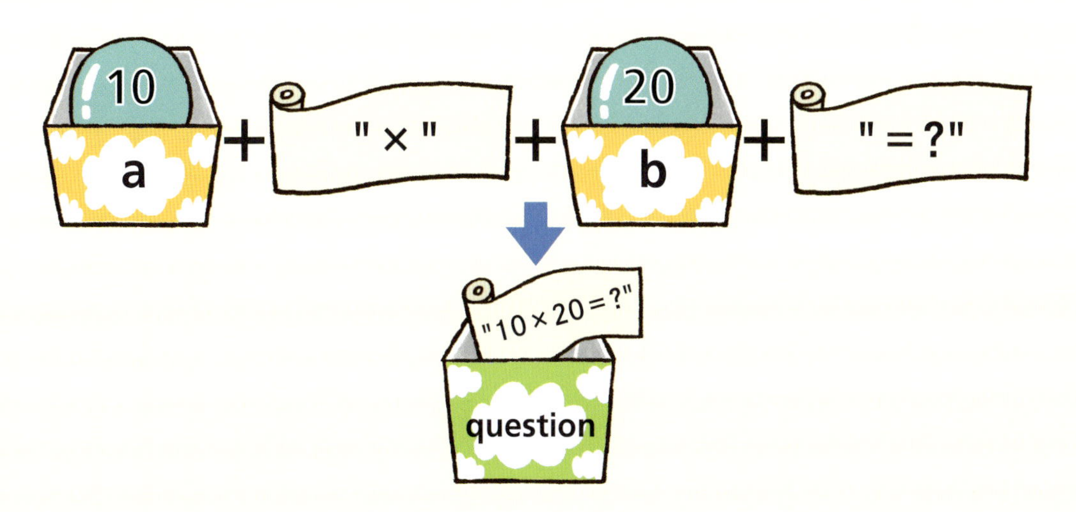

LESSON 07

ランダムな値を作る

Random（ランダム）を使うと、「毎回何が出るかわからない数」を作って、プログラムをおもしろくすることができます。試してみましょう。

いいこと考えたっ！　さっきのを使ったら「計算問題を出すプログラム」を作れるよ。

いいねぇ。じゃあ特別に、取っておきの命令をさずけよう。Random（ランダム）といって「毎回何が出るかわからない数値」を出す命令だ。

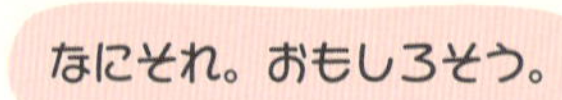

実行するたびに毎回違う数値を出してくれるんだ。自動で計算問題を作るのにピッタリだろ。

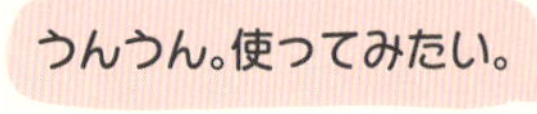

Randomを使う

Random（ランダム）を使うと、「毎回何が出るかわからない数値」を作ることができます。最初に「import java.util.Random;」でRandomを使う準備をして、ランダムな値を出す部品を作ったら、「nextInt(指定値)」という命令を実行するたびに、ランダムな整数（0から指定値未満の範囲で）が出てきます。

書式：Random（ランダム）な値を求める

```
import java.util.Random;                                   ……最初に必要な準備

Random ランダムな数を出す部品用の変数 = new Random();   ……ランダムな値を出す部品
ランダムな数を出す部品用の変数.nextInt(指定値);          ……ランダムな値を出す命令
```

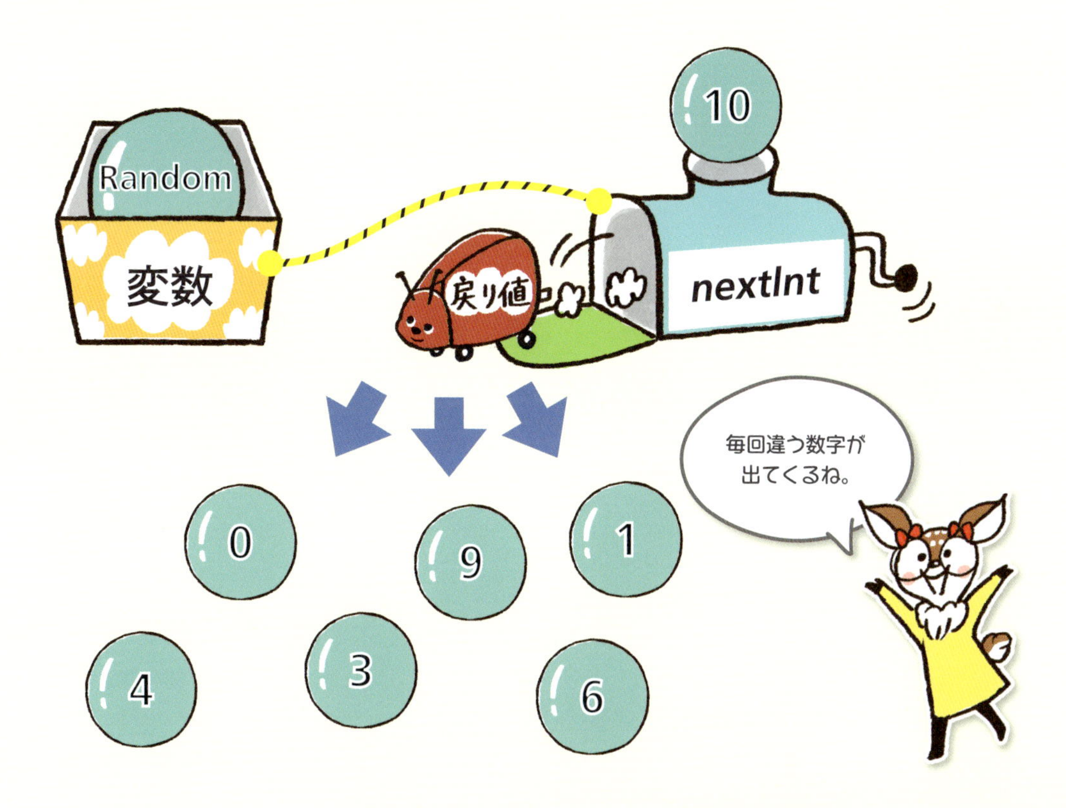

「0から10未満のランダムな数を表示させるプログラム」を作ってみましょう。実行させるたびに、違う数値が表示されます。

Main.java (chap2-21)

```
001 import java.util.Random;
002 public class Main {
003     public static void main(String[] args) {
004         Random rnd = new Random();        ……… ランダムな数を出す部品
005         System.out.println(rnd.nextInt(10));
                                              ……… 0～9のランダムな値を表示
006     }
007 }
```

実行

```
5
```

これを使えば「毎回違う計算問題を出題するプログラム」が作れるね。「0から100未満のランダムな数」を使えば「2桁以下の計算」を出題できるよ。

ようし、作ってみようっと。

「毎回違う計算問題を出題するプログラム」を作ってみましょう。実行させるたびに、違う計算問題が表示されます。

Main.java (chap2-22) chap2-21のMain.javaを修正します。

```
001 import java.util.Random;
002 public class Main {
003     public static void main(String[] args) {
004         Random rnd = new Random();        ……… ランダムな数を出す部品
005         int a = rnd.nextInt(100);         ……… 0～99のランダムな数値を出す
006         int b = rnd.nextInt(100);         ……… 0～99のランダムな数値を出す
007         String question = a + "x" + b + "=?";
                                              ……… つなげて変数questionに入れる
008         System.out.println(question);
                                              ……… 変数questionの文字列を表示
009     }
010 }
```

実行

```
29x60=?
```

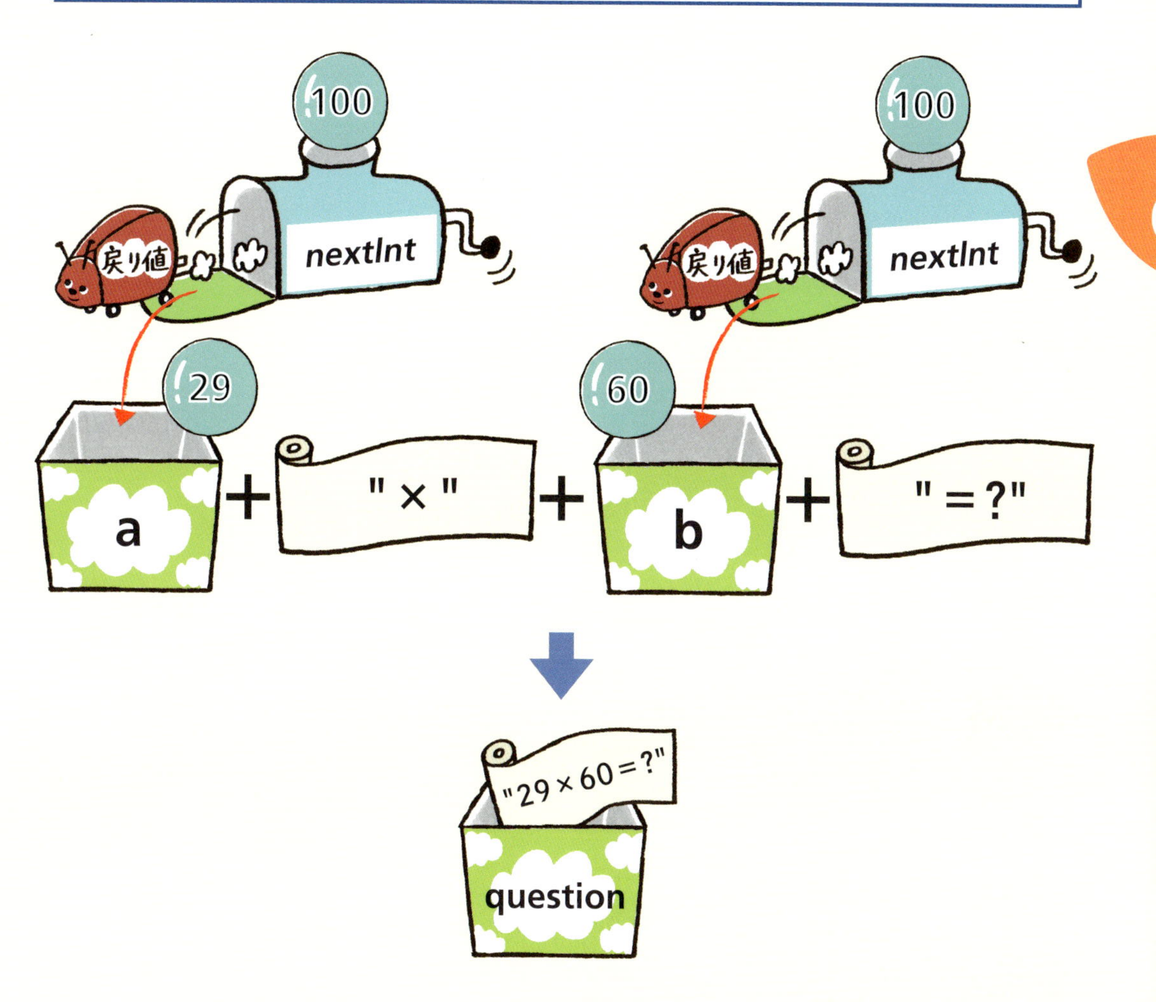

やったー！毎回違う問題が出るよ～！

LESSON 08

データ型を変換する

データは基本的に「同じ種類同士」しか処理することができません。しかし、違う種類のデータでも、データの種類が同じになるように変換すれば、処理することができるようになります。

文字列や数値をいろいろ扱うようになってきたから、ここで少しデータ型の変換方法について説明しよう。

データ型の変換方法？

例えば、double型は小数を扱えるけど、int型は整数しか扱えないよね。int型に入ってるのは必ず整数だから、double型の変数に入れても問題ない。

ふむふむ。

でも逆はどうだろう。double型に入ってる小数を、int型の変数に入れようとすると、小数点以下の値は入らないよね。

うん。どうなるの？

実行するとエラーになるんだ。

ひえー。エラーになっちゃうんだ！

ただし、double型を使っていても、整数部分しか必要ない場合がある。そういうときは「小数点以下は削除してもいいから！」っていい切ってしまうことで変換することができるんだ。これを「キャスト変換」っていうんだよ。

キャスト変換は、いい切る勇気ね！

LESSON 08

あるデータ型の変数に入っている値を、違うデータ型の変数に入れようとする場合、問題が起こる場合があります。例えば、double型とint型でデータの受け渡しをする場合、double型は小数まで扱えますが、int型は小数は扱えません。この場合、double型を「表現力の高い変数」、int型を「表現力の低い変数」と考えることができます。

拡大変換

「表現力の低い変数」の値を、「表現力の高い変数」へ入れる場合は問題ありません。int型の整数を、小数まで扱えるdouble型に入れても値が失われないのでそのまま代入できます。これを「拡大変換」といいます。

「int型の値をdouble型の変数に入れるプログラム」です。そのまま代入されて表示されます。

Main.java（chap2-23）

```
001  public class Main {
002      public static void main(String[] args) {
003          double doubleA = 1234.5678; ・・・double型の変数doubleAに値を入れる
004          int intA = 12345;          ・・・int型の変数intAに値を入れる
005          doubleA = intA;            ・・・intAの値をdoubleAに入れる
006          System.out.println(doubleA); ・・変数doubleAの値を表示
007      }
008  }
```

実行

```
12345.0
```

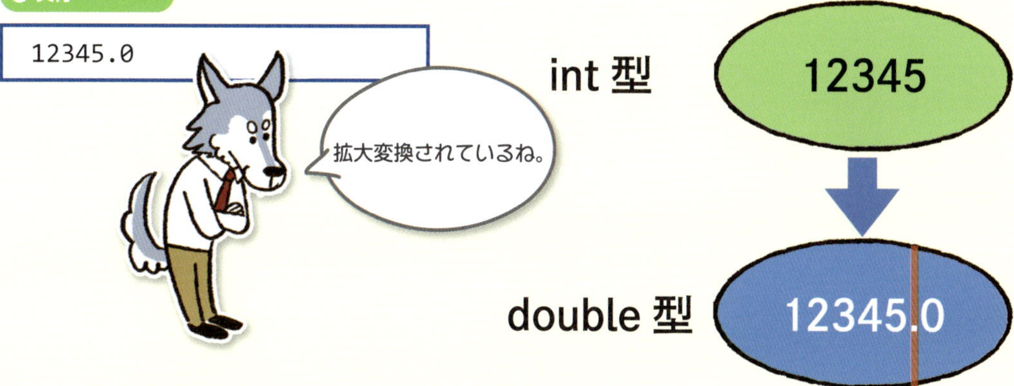

キャスト変換

しかし逆の場合はうまくいきません。「表現力の高い変数」の値を、「表現力の低い変数」へ入れる場合は、そのままではエラーになってしまいます。実際の値としては大丈夫だったとしても、プログラムのレベルでエラーになってしまうのです。

「double型の値をint型の変数に入れるプログラム」です。実行するとエラーになります。

Main.java（chap2-24） chap2-23のMain.javaを修正します。

```
001 public class Main {
002     public static void main(String[] args) {
003         double doubleA = 1234.5678;  ·double型の変数doubleAに値を入れる
004         int intA = 12345;  ··············int型の変数intAに値を入れる
005         intA = doubleA;  ··················doubleAの値をintAに入れる
006         System.out.println(intA);  ···変数intAの値を表示
007     }
008 }
```

実行

```
Main.java:5: error: incompatible types: possible lossy conversion
from double to int
        intA = doubleA;
               ^
1 error
```

そこで、「入り切らない部分は、削除してもいいよ」といい切ることで、データ変換を行います。これを「キャスト変換」といいます。この場合、入り切らない部分が削除されて入ります。1234.5678という小数を整数用の変数に入れると1234だけが入ることになります。

書式：キャスト変換

```
表現力の低い変数 = (変換する型)表現力の高い値;
```

「double型の値をint型の変数にキャスト変換して入れるプログラム」です。実行すると小数点以下が削除されて表示されます。

Main.java（chap2-25）　chap2-24のMain.javaを修正します。

```
001 public class Main {
002     public static void main(String[] args) {
003         double doubleA = 1234.5678; ···double型の変数doubleAに値を入れる
004         int intA = 12345;  ··················int型の変数intAに値を入れる
005         intA = (int)doubleA;  ······doubleAの値をキャスト変換してintAに入れる
006         System.out.println(intA);·······変数intAの値を表示
007     }
008 }
```


実行

```
1234
```

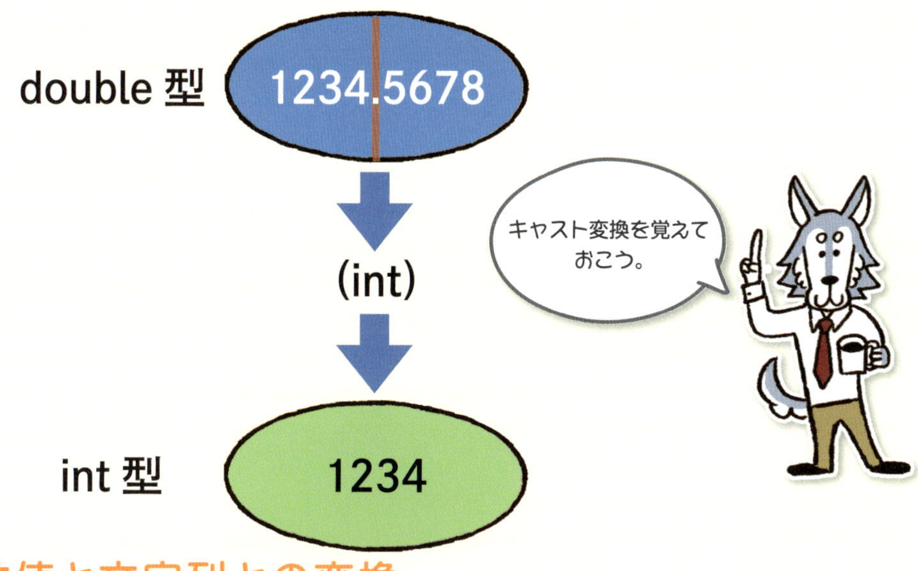

数値と文字列との変換

キャスト変換以外にも違うデータ型へ変換したい場合があります。例えば、「+」記号を使えば、文字列と数値をつなげると文字列に変換することができることは解説しましたが、数値をそのまま文字列に変換したり、逆に数字の文字列を数値に変換したい場合もあります。そういう場合は、キャスト変換ではなく「toString()」や「parseInt()」という命令を使うと変換することができます。

書式：数値を文字列に変換する

```
Integer.toString( int型の値 );
Double.toString( double型の値 );
```

「int型とdouble型の値を、文字列に変換するプログラム」です。文字列が表示されます。

Main.java（chap2-26）

```
001 public class Main {
002     public static void main(String[] args) {
003         int intA = 12345;  ……int型の変数intAに値を入れる
004         double doubleA = 1234.5678;  ……double型の変数doubleAに値を入れる
005         String stringA = Integer.toString(intA);
                              ……変数intAの値を文字列に変換
006         String stringB = Double.toString(doubleA);
                              ……変数doubleAの値を文字列に変換
007         System.out.println(stringA);
                              ……変数stringAの文字列を表示
008         System.out.println(stringB);
                              ……変数stringBの文字列を表示
009     }
010 }
```

実行

```
12345
1234.5678
```

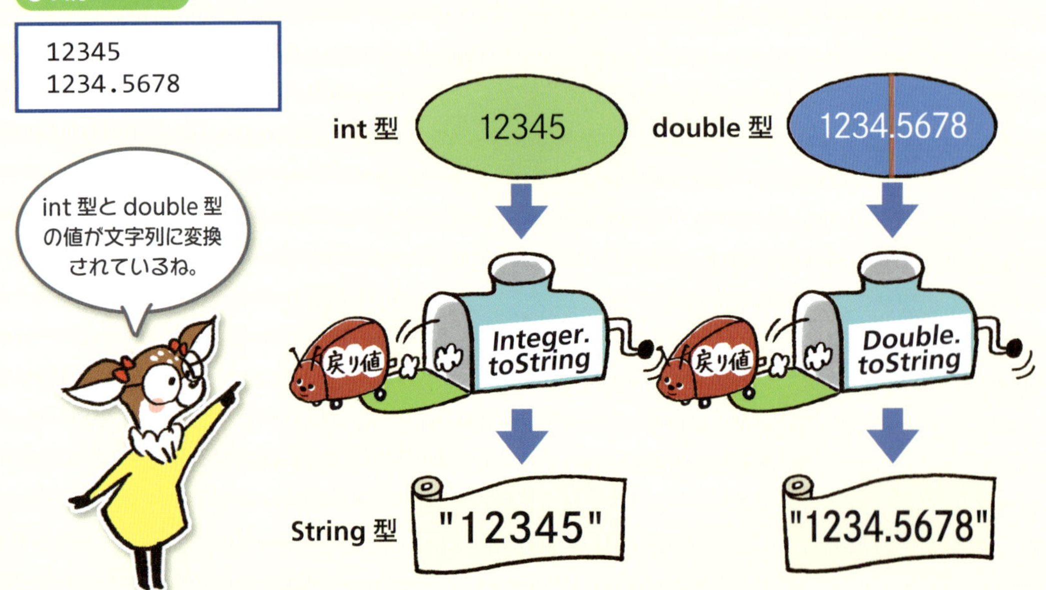

書式：文字列を数値に変換する

```
Integer.parseInt(e);
Double.parseDouble(g);
```

「数字が並んだ文字列を、int型とdouble型の値に変換するプログラム」です。数値が表示されます。

Main.java（chap2-27）

```
001  public class Main {
002      public static void main(String[] args) {
003          String stringA = "12345";
                          ……… String型の変数stringAに文字列を入れる
004          String stringB = "1234.5678";
                          ……… String型の変数stringBに文字列を入れる
005          int intA = Integer.parseInt(stringA);
                          ………………………文字列をint型の値に変換
006          double doubleA = Double.parseDouble(stringB);
                          ………………………文字列をdouble型の値に変換
007          System.out.println(intA);      ……………int型の値を表示
008          System.out.println(doubleA);   ………double型の値を表示
009      }
010  }
```

実行

```
12345
1234.5678
```

LESSON 09

Chapter 2

たくさんのデータは配列にまとめる

データをたくさん扱うときは、配列にまとめて扱います。インデックスという番号で指定して読み書きします。

変数はデータを1つずつ入れるから、たくさんデータがあるときは、変数では大変なんだ。例えば、データが100個あるときは、変数も100個必要になる。名前を考えるのも大変だよ。

変数100個は大変だあ。名前もいちいち考えてられないから、「なんとかの1」「なんとかの2」ってつけちゃうかも。

それはいい考えだね。実はデータがたくさんあるときは、その考え方で行うんだ。配列っていう「たくさんのデータの入れ物」にデータを入れて、「番号」を使って読み書きを行うんだよ。

ちょっと当たったね。

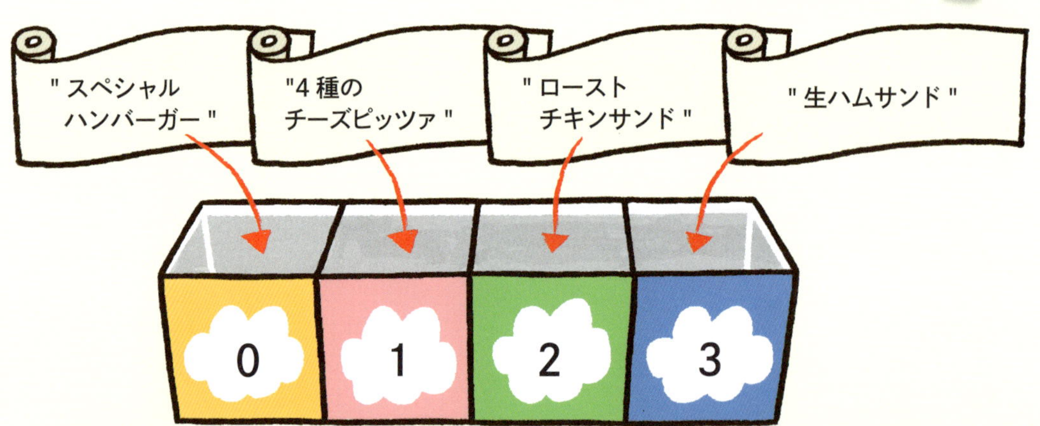

配列の作り方

LESSON 09

データをたくさん使うときは「配列」を使います。

配列とは、「引き出しのたくさんあるタンス」のようなもので、「何番目の引き出し」と番号で指定して、値を入れたり、中身にアクセスします。「名前」ではなく「番号」で指定できるので、データがたくさんあるときは、扱いやすいのです。配列のひとつひとつの値のことを「要素」といい、指定する番号のことを「インデックス」と呼びます。インデックスは「0」からはじまり、その後「1」「2」と続いていきます。

書式：配列の作り方

```
型名 [] 配列名 = new 型名 [要素の数]
または
型名 配列名 [] = new 型名 [要素の数]
```

MEMO

2種類の作り方がある理由

Javaでは配列の作り方は2種類あって、どちらの書き方でも使えますが、Javaでは普通「型名 [] 配列名 =」がよく使われます。「型名 配列名 [] =」はC言語での書き方と同じなので、C言語になれたプログラマーが使うことが多いようですね。

書式:配列の作り方（初期値付き）

```
型名 [] 配列名 = {データ,データ,データ,...};
または
型名 配列名 [] = {データ,データ,データ,...};
```

書式：配列の使い方

```
System.out.println(配列名 [インデックス] ) …配列の要素を表示する
```

「ランチメニューの配列を作って、その2番の要素を表示させるプログラム」を作ってみましょう。

Main.java（chap2-28）

```
001    public class Main {
002        public static void main(String[] args) {
003            String [] lunch = {"スペシャルハンバーガー","4種のチーズ↵
       ピッツァ", "ローストチキンサンド", "生ハムサンド"};
                                        ……………… 4つの要素（文字列）を収めた配列
004            System.out.println(lunch[2]);  ………2番の要素を取り出して表示
005        }
006    }
```

実行

```
ローストチキンサンド
```

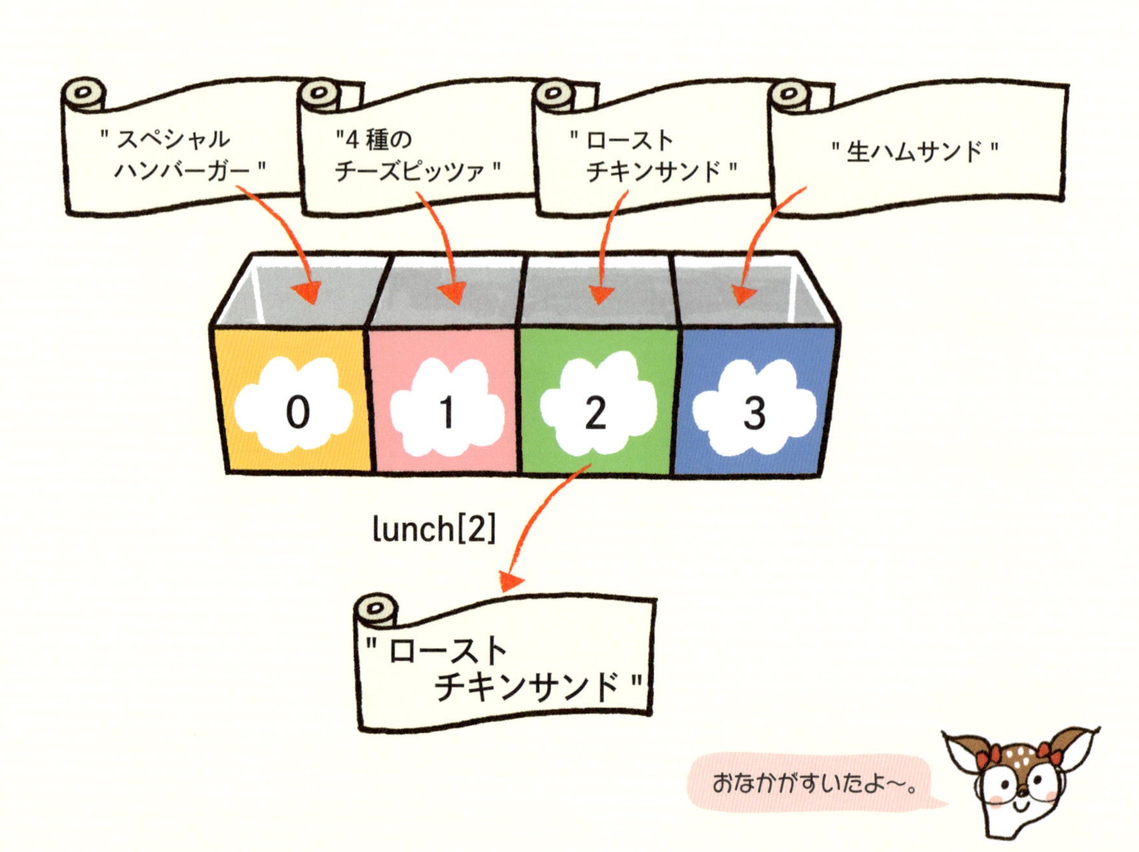

第3章

プログラムの基本

計算で利用する
いろいろな演算子や変数、
配列など、盛りだくさんのことを
知ることができたわ〜。
どう？いろはちゃん？
つまずいてないかな？

大丈夫です！
それよりももっと
いろんなことを
知りたーい。

そうかい！そうかい！
それは頼もしい！
少し駆け足で説明
したから
ちょっと
心配して
いたんだ。

「どうだったっけ？」
というときは
戻って確認しても
いいんだよ。
はーい。
そのつもりですヨ。

いろはちゃん。素朴な疑問として
どうしてプログラムが動いているのか
知りたくない？
知りたーい。

そもそもの話をからめて、
いろいろなプログラムのしくみを
紹介するね。
ワクワク！

この章でやること

プログラムの 3 つの基本

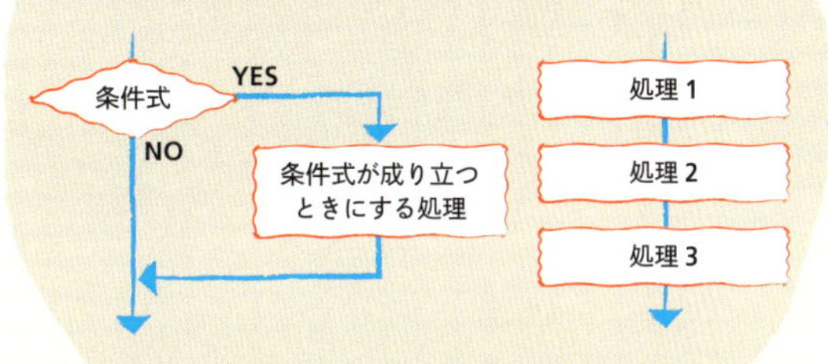

③戻り値だけあるメソッド

クラスライブラリの import

Intro
duction

プログラムって何だろう

「プログラム」という言葉、ふだん何気なく使っていると思います。あらためて考えてみると、どんな意味があるのでしょうか？

データと変数がわかってきたようだから、プログラムについて説明していこうかな。

いよいよプログラムね。ちょっと怖いけど、私でも大丈夫かなぁ？

コンピュータっていうのは、人間が教えてあげないとなんにもできない「こどもみたいなもの」なんだよ。

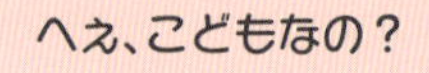

なんにも知らないから、何をすればいいのか手取り足取り教えてあげる必要がある。それが、プログラムなんだよ。

コンピュータはこどもみたいな感じか〜。じゃあ、そんなに怖くないね。

プログラムって何？

そもそもプログラムってなんでしょうか？　プログラムという言葉には「pro（あらかじめ）」「gram（書かれたもの）」という意味があります。つまり、行うことをあらかじめ書いた「予定表」なのです。

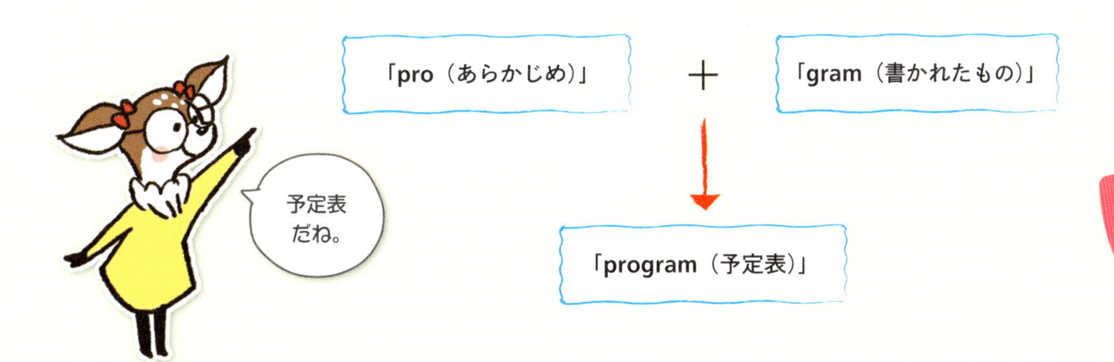

プログラムという言葉は身の周りにもありますが、それらも同じ意味を持っています。演奏会のプログラムは「演奏する曲の予定表」ですし、ダイエットのプログラムは「ダイエットの進め方の予定表」です。そして、コンピュータのプログラムも「コンピュータが行うことの予定表」なのです。

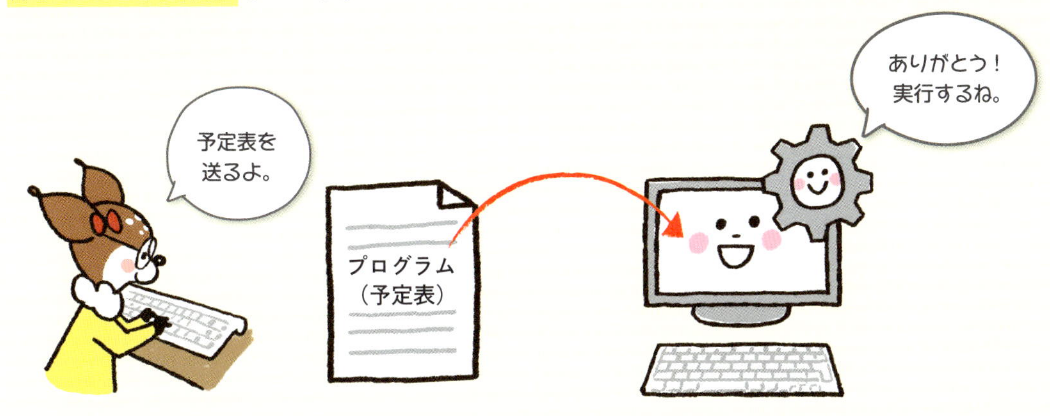

プログラムの書き方は、プログラミング言語によって少しずつ違いがあります。Javaでは、どのように書くのでしょうか。見ていきましょう。

プログラムの書き方の基本

プログラムは、何も知らないコンピュータに「何を行うのかを正しく伝えるための言葉」です。正しく伝えるため、書き方にはいくつかルールがあります。

1. プログラムは、半角英数字で入力

プログラムは、基本的に半角英数字で入力します。全角の日本語の文字でプログラムを書くことはできません。ただし、文字列やコメント文には、全角の日本語の文字を使うことができます。

```
Ｓｙｓｔｅｍ．ｏｕｔ．ｐｒｉｎｔｌｎ（”全角”）；   ……×全角で書いてはいけない
System.out.println("半角");   ……○基本的に半角で書く
```

2. 大文字と小文字の違いに注意する

Javaでは大文字と小文字が区別されます。大文字小文字の違いに注意して入力しましょう。例えば、「answer」と「Answer」は別の文字列として区別されてしまいます。

```
String Answer；
String answer;
```

……この2つの変数は別物

3. 文の終わりは、セミコロンをつける

Javaでは文の終わりに「; (セミコロン)」をつけます。日本語の文章の終わりに、「。(句点)」をつけるのと同じです。「; (セミコロン)」が文の終わりを表します。

```
System.out.println(10 + 5);
System.out.println(10 - 5);
```

……文の終わりにセミコロンをつける

ルールを決めないとあとで混乱するからね。

4. ブロックは、波カッコで囲む

Javaでは「命令のまとまり」をブロックで表します。波カッコの「{」から「}」までの範囲が1つのブロックです。このブロックの中に「もしも～だったらする命令のまとまり（if文）」や「100回くり返す命令のまとまり（for文）」や「呼び出されたら行う命令のまとまり（メソッド）」や「プログラムの部品の設計図となる命令のまとまり（クラス）」などといった表現をします。

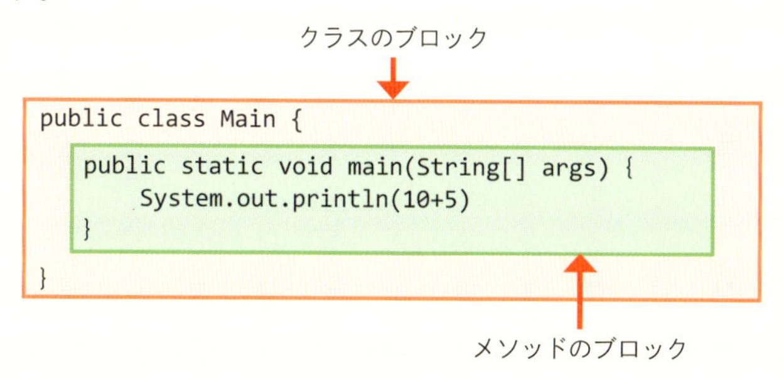

5. 説明文は、コメント文で書き込める

プログラムは基本的にすべてコンピュータが実行する命令文の集まりですが、「コメント文」を使うと、「人間がプログラムを読むとき理解を助けるための説明文」を書き込むことができます。Javaはコメント文を無視するので処理には影響しません。コメント文は人間が読むためのものなので、日本語も書けます。

書式：コメント文

```
// スラッシュ2個からその行の終わりまでがコメント文になります。1行コメントに使います。

/*
スラッシュ＋アスタリスクとアスタリスク＋スラッシュで囲まれた部分がコメント文になります。複数行をコメント行にする場合に使います。
*/
```

MEMO

わかりやすいコメントを書く

コメント文は、人間がプログラムを読むとき理解を助けるためのものなので、「ここは何の仕事をする部分」とか「ここの処理を行うことで何が起こる」といった「少し広い意味の説明」を書くことがわかりやすいコメントを書くコツです。

プログラムを考えるときの3つの基本

これまで、データや変数の扱い方を見てきました。ここではデータや変数を使ってどうやってプログラムを作るのかについて考えてみます。

プログラムって、どうやって考えて作ると思う?

え〜。どうするんだろ。さっぱりわからないよ。

「プログラムの基本」って3つなんだよ。

たったの3つ?

複雑そうに思えるプログラムも、実は「順次」「分岐」「反復」の3つの組み合わせでできている。プログラムを考えるときは、この3つに整理して考えることが大事なんだよ。

3つならできそうね。

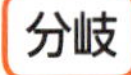

❶上から順番に実行する

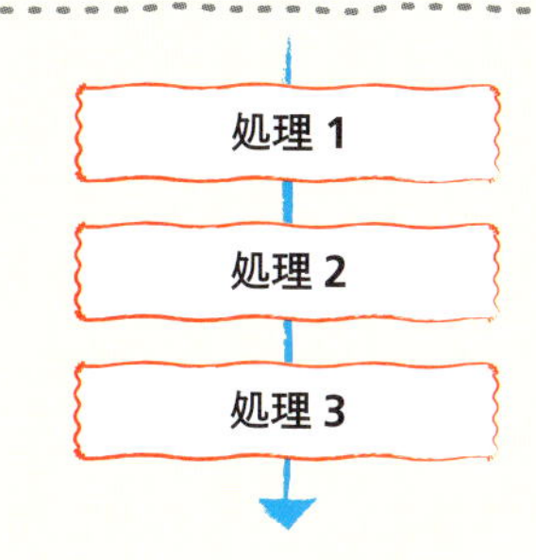

プログラムは、上から順番に実行していきます。これを「順次」といいます。

すごく当たり前のことに思えますが、このルールで作るには「どの順番で処理していかなければいけないか」をちゃんと整理して考える必要があります。

❷もしも〜なら実行する

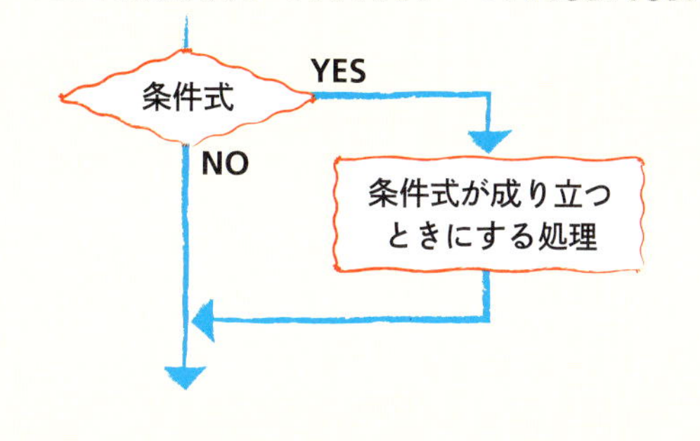

「もしも△△だったら、○○をする」場合は、「分岐」を使います。条件によって「処理をするかしないかの選択」を行ったり「場合分け」を行ったりします。

Javaでは「if文」などを使います。

❸同じ処理をくり返す

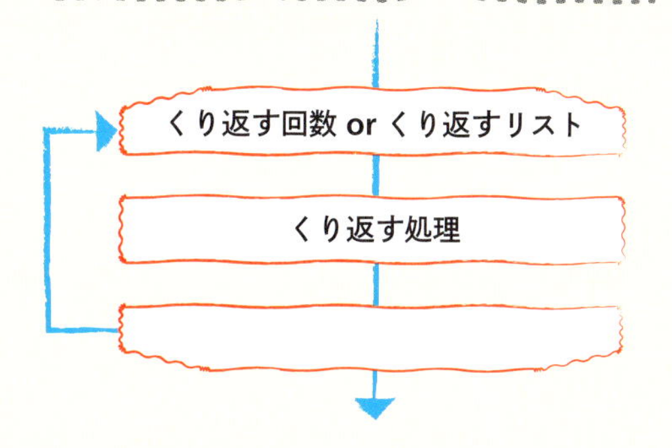

同じ処理をくり返すときは、「反復」を使います。「回数を指定して」くり返したり、「条件を満たしている間ずっと」くり返したりします。Javaでは「for文」などを使います。

「❶上から順番に、実行する」はすぐわかると思いますが、「❷もしも〜なら実行する」と「❸同じ処理をくり返す」に関しては、これからもう少し見ていくことにしましょう。

もしも～なら実行する

「もしも～なら実行する」ときには、if 文を使います。条件によって、処理を行ったり、行わなかったりします。

コンピュータにはいろんな得意ワザがあるけど、その１つが「判断」だ。

たしかに！　コンピュータってハッキリ判断してくれる気がする。

その「判断」の基本にあるのが、この「もしも△△だったら、○○をする」なんだ。

へ～。どういうことですか？

コンピュータは何かを判断するとき、「条件式」という「式」を使って考えるんだよ。

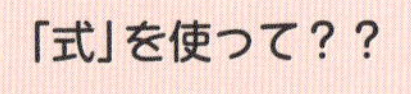

「式」を使って？？

条件式を調べて「成り立つか、成り立たないかの二者択一」で判断しているんだ。

「成り立つか、成り立たないか」で判断してるのか～。

だから、成り立てば「○○を実行する」けれど、成り立たなければ実行しない。どっちかしかしないから、あいまいなところがないんだよ。

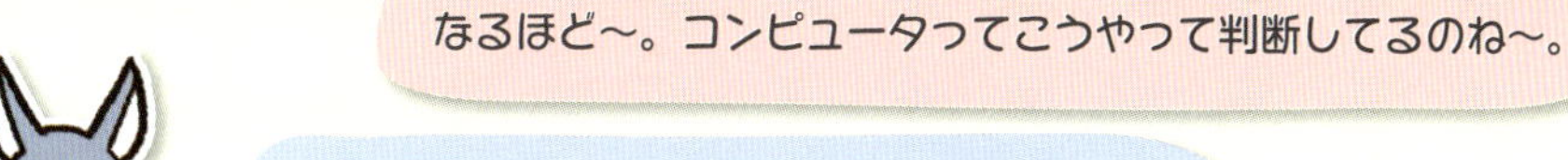

これを行うのが、if文だ。これから見ていくよ。

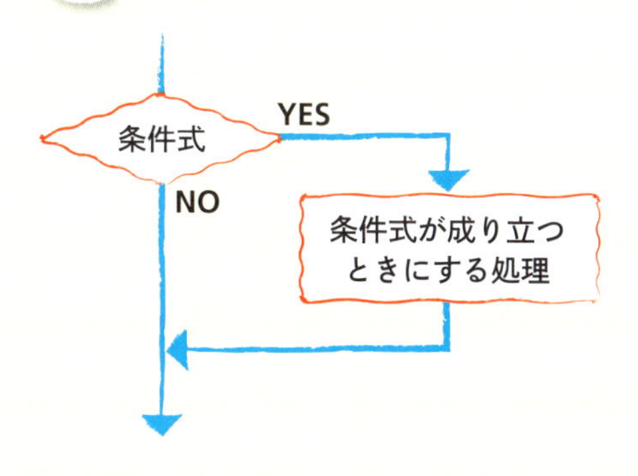

if文の書き方

if文は、「もしも△△だったら」の部分と、「○○をする」の部分に分けて書きます。

書式：if 文

```
if (条件式) {                              ……もしも△△だったら
    条件式が成り立つときにする処理          ……○○をする
}
```

「もしも△△だったら」の部分は、「条件式」で調べます。例えば、2つの値を比較して同じかどうか、違うかどうかなどを調べるのです。

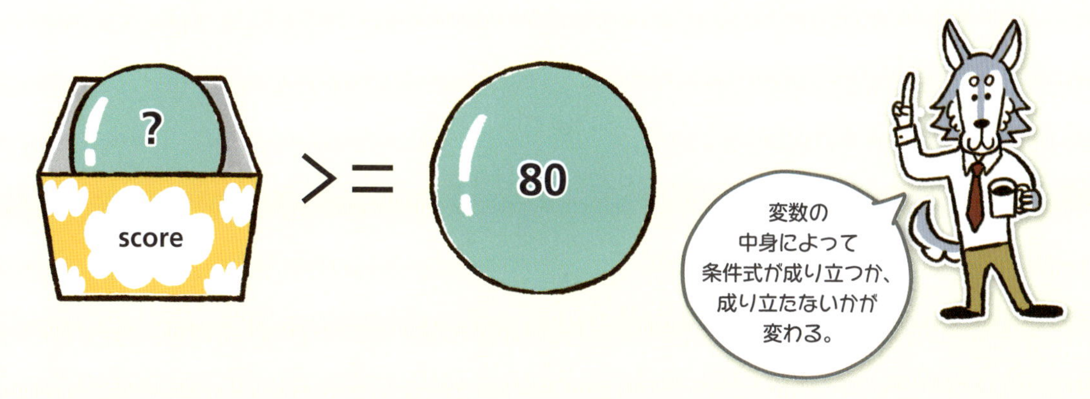

このとき使う「2つの値を比較する記号」のことを「比較演算子（ひかくえんざんし）」といいます。「同じかどうか」「違うかどうか」「大きいか」「小さいか」など、いろいろな種類があります。

書式：比較演算子

比較演算子	働き
==	左辺と右辺が同じ
!=	左辺と右辺が違う
<	左辺が右辺より小さい
<=	左辺が右辺以下
>	左辺が右辺より大きい
>=	左辺が右辺以上

「○○をする」の部分は、「{」と「}」で囲まれた範囲の中に書きます。この「{」から「}」までが「ある処理のまとまり」を表していて、これをブロックといいます。if文のあとの「{」から「}」までは、「もしも△△だったときに行う処理のまとまり」を表しています。

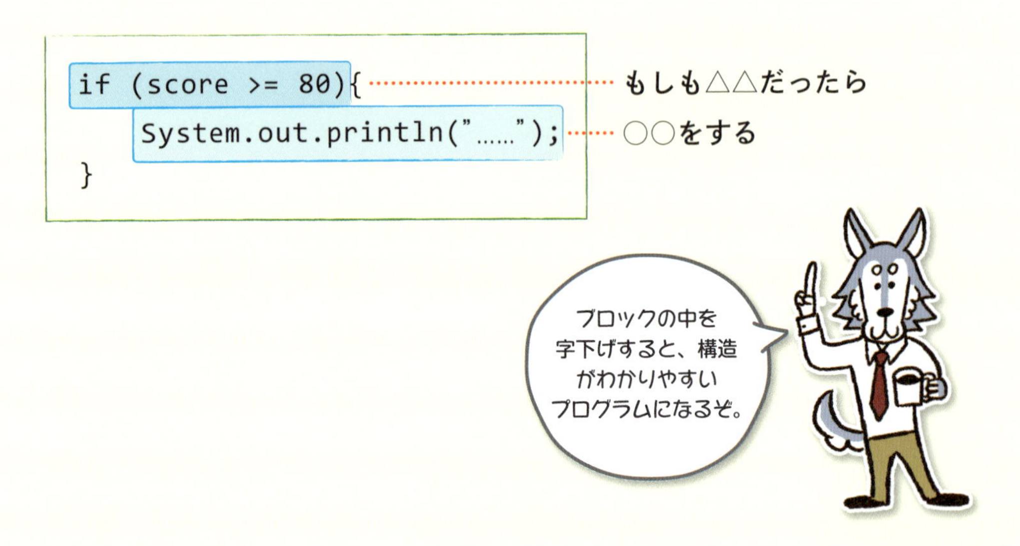

if文を試してみよう

「もしもscoreが80点以上だったら、"やったね！次もこの調子だ"と表示されるプログラム」を作ってみましょう。scoreが80点以上のときは、"やったね！次もこの調子だ"と表示されますが、80点未満のときは何も表示されません。

Main.java（chap3-1）

```
001  public class Main {
002      public static void main(String[] args) {
003          int score = 90;  ·······変数scoreに90を入れる
004          if (score >= 80) {
005              System.out.println("やったね！次もこの調子だ");
006          }
007      }
008  }
```

もしも点数が80点以上なら設定した文字列が表示される。80点未満のときは何も表示されない

実行

```
やったね！次もこの調子だ
```

ねえ。もし、ぎりぎり80点だったらどうなるの？

「score >＝80」の条件だから、80の場合も含まれる。ぴったり80点だったら表示されるよ。

ぎりぎりセーフね！

でも条件が「score > 80」だったら、80は含まれないので、80点を取っても表示されないよ。条件を考えるときは「ぎりぎりのところをどうするか」をしっかり考えておくことが重要だ。

ぎりぎりアウトだ〜！

「そうでないとき」の処理を書く

if文ではさらに、**「そうでなかったら□□をする」**という処理の追加もできます。「if else文」を使います。

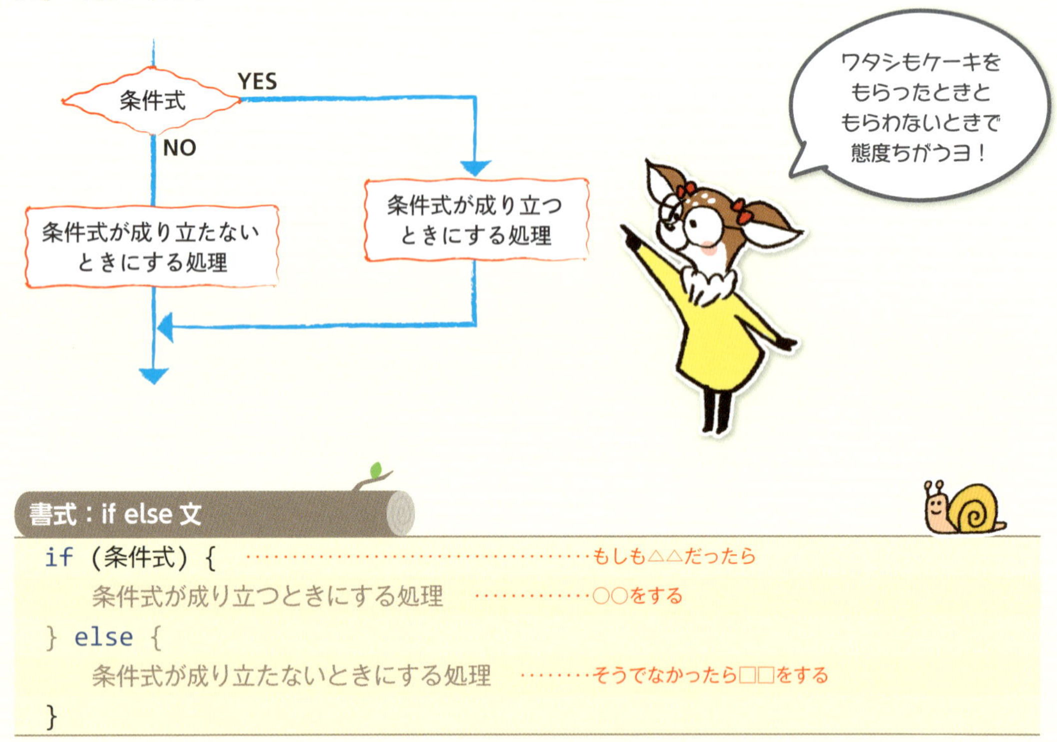

書式：if else 文

```
if (条件式) {                          ……もしも△△だったら
    条件式が成り立つときにする処理       ……○○をする
} else {
    条件式が成り立たないときにする処理   ……そうでなかったら□□をする
}
```

「もしもscoreが80点以上だったら、"やったね！次もこの調子だ"と表示されて、そうでなかったら"残念でした"と表示されるプログラム」を作ってみましょう。scoreが80点以上のときは、"やったね！次もこの調子だ"と表示されますが、scoreが80点より小さいと、"残念でした"と表示されます。

Main.java（chap3-2）　chap3-1のMain.javaを修正します。

```
001  public class Main {
002      public static void main(String[] args) {
003          int score = 60;      ……………………変数scoreに60を入れる
004          if (score >= 80) {
005              System.out.println("やったね！次もこの調子だ");
006          } else {
007              System.out.println("残念でした");
008          }
009      }
010  }
```

もしも点数が80点以上なら「やったね……」の文字列が表示され、80点未満のときは「残念でした」の文字列が表示される

実行

```
残念でした
```

いいこと考えたっ！これにランダムを追加したら「くじ引きプログラム」を作れるんじゃない？

いいねぇ。いいねぇ。どういうこと？

ランダムで何が出るかわからない数を作れるでしょう。scoreに0から100のランダムな数を入れるようにして、90以上なら当たりにして、そうじゃなかったらハズレ。

おー。くじ引きになりそうだ。じゃあ、作ってみようか。

くじ引きプログラムを作ろう

「くじ引きプログラム」を作ってみましょう。

まず、Randomを使って100までのランダムな数を求めます。その数が90以上なら「当たり！」と表示して、そうでなければ「ハズレ」と表示させます。

Main.java（chap3-3）

```
001  import java.util.Random;
002  public class Main {
003      public static void main(String[] args) {
004          Random rnd = new Random();  ……ランダムな数を出す部品
005          int score = rnd.nextInt(100);  ……100までのランダムな数
006          if (score >= 90) {  ……90以上なら当たり
007              System.out.println("当たり！");
008          } else {
009              System.out.println("ハズレ");
010          }
011      }
012  }
```

実行

```
ハズレ
```

私が作ったのにハズレだった〜！

MEMO

場合分けは、switch文

「条件式が成り立つかどうか」の二者択一で分岐するときは、if 文を使いますが、もっと多くの分岐がある場合は、switch 文を使います。
switch 文は、「ある変数に入っている値」を調べて、その状態によって場合分けを行います。

書式：switch 文

```
swtich(変数) {
    case 0:
        値が0のときにする処理
        break;
    case 1:
        値が1のときにする処理
        break;
    default:
        それ以外のときにする処理
        break;
}
```

「値がどのようなケースのときに何をするのか」を「case 値 :」～「break;」の中に記述します。これを複数並べることで、多くの場合分けを行うことができます。このとき、用意した条件以外の場合は、「default:」～「break;」の中に記述します。

場合分けの分岐
を行うときは、
switch 文！

同じ処理をくり返す

「同じ処理をくり返す」ときには、for文を使います。回数を指定してくり返しを行います。

コンピュータの得意ワザのもう1つが「くり返し」だ。コンピュータは同じことを何千回でも、何万回でも平気でくり返すし、飽きたり、ミスしたりもしない。すごいよね。

私には、まねできないなー。

だから「こんな何百回もくり返す仕事は、人間には無理だ」っていうことをコンピュータにやってもらえばいいんだよ。

やってやってー。

ただし、このとき人間にはするべきことがある。それは「何を、どれだけくり返すのか」を決めることだ。

「どんなくり返しをすればいいのか」を、教えてあげるのね。

それを行うのが、for文だ。これから見ていくよ。

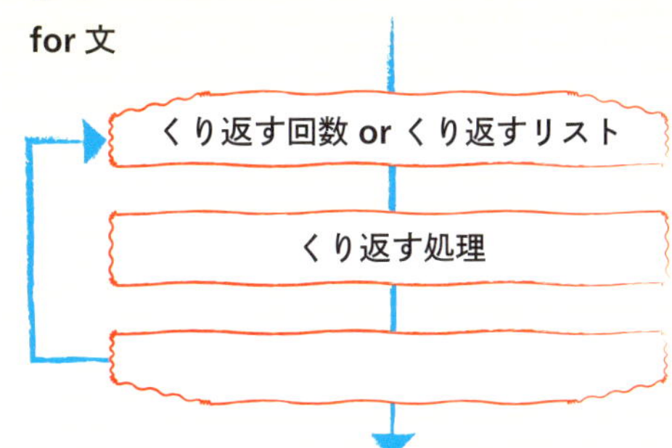

 for文は、指定した回数をくり返すときに使う

Javaのfor文には、「回数を指定してくり返すfor文」と「配列の要素についてくり返す拡張for文」などがあります。

「回数を指定してくり返すfor文」は、まず「数を数えるための変数」を用意して、その変数でカウントしながらくり返しを行います。

書式：for 文

```
for (カウント変数の初期化; くり返す条件式; カウント変数の変化式) {
    くり返す処理
}
```

例として、「5x0〜5x9の10個のかけ算をするプログラム」を作ってみましょう。かける数を「0」からはじめて、「9」になるまでくり返します。くり返す処理は「その数を使ってかけ算の式と答えを表示させること」です。これをプログラムにしてみましょう。かけ算が10行表示されます。

Main.java（chap3-4）

```
001  public class Main {
002      public static void main(String[] args) {
003          for(int i = 0; i <= 9; i++) {
004              System.out.println("5 x " + i + " = " + (5 * i));
005          }
006      }
007  }
```

変数iは0から9まで1を足していく

変数iを含めたかけ算の式。5x0〜5x9の10個のかけ算をする

実行

```
5 x 0 = 0
5 x 1 = 5
5 x 2 = 10
（略）
5 x 7 = 35
5 x 8 = 40
5 x 9 = 45
```

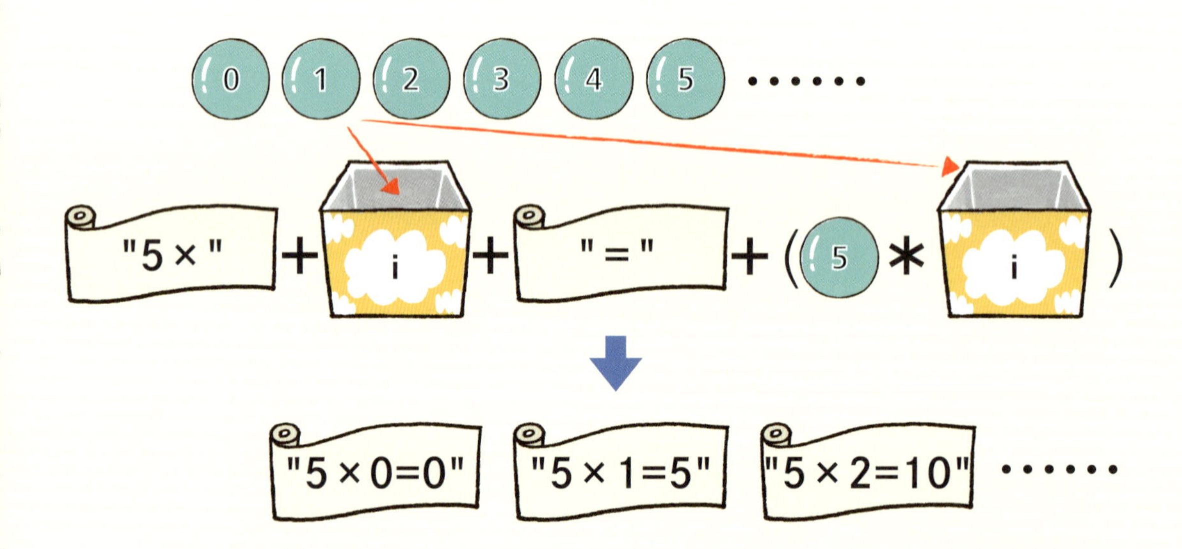

くり返しを使うとたくさん計算できるね。

またいいこと考えたっ！これを改造すれば「クイズのプログラム」ができるんじゃない？答えだけを表示するようにして「これは何の段の九九でしょう」っていうのはどう？

どんどんアイデアが出てくるね。いいねぇ。かける数をランダムにすればクイズになるね。答えだけを表示させるのなら、「横１列に並べて表示」させるのがいいよ。文字列に追加していって、最後に表示させるんだ。

「何の段の九九でしょうクイズのプログラム」を作ってみましょう。Randomを使ってかけるほうの数が変わるようにします。これが、クイズの答えにもなるので、answerという変数に入れておきます。問題文はString型の変数に入れて、くり返しをしながらかけ算の答えをここに追加していきます。最後に、問題文と答えを表示させます。

Main.java（chap3-5）

```
001    import java.util.Random;
002    public class Main {
003        public static void main(String[] args) {
004            Random rnd = new Random();               ……ランダムな数を出す部品
005            int answer = rnd.nextInt(10);            ……かける数
006            String question = "";                    ……問題文変数
007            for(int i = 0; i <= 9; i++) {
008                // 問題文変数に、[ answer*i ] を足していきます
009                question = question + "[" + (answer * i) + "]";
010            }
011            System.out.println("何の段の九九でしょう?");
012            System.out.println(question);
013            System.out.println("答え:"+answer);
014        }
015    }
```

実行

```
何の段の九九でしょう?
[0][4][8][12][16][20][24][28][32][36]
答え:4
```

配列のすべての要素についてくり返す拡張for文

「配列のすべての要素についてくり返す拡張for文」は、「配列」を用意します。このとき、配列から取り出した要素を一時的に入れて使うための「要素を入れる変数」も指定します。

書式：拡張 for 文

```
for (配列の型 要素を入れる変数名: 配列) {
    くり返す処理
}
```

配列を指定する部分は、「for (配列の型 要素を入れる変数名: 配列)」と指定します。すると配列の要素すべてについてくり返しが行われます。

え～と、「回数を指定してくり返す」っていうのはわかるんだけど、「配列をくり返す」ってどういうことなの？

配列には、たくさんデータが入っているよね。このデータを１つずつ順番に取り出して、１つずつに同じ処理をくり返すってことなんだよ。

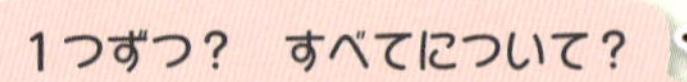

実際にやってみよう。「配列の中身をすべて表示するプログラム」を試してみるよ。配列の中身を１つずつ順番に取り出して、表示していくのがわかるよ。

Main.java (chap3-6)

```
001  public class Main {
002      public static void main(String[] args) {
003          int [] scorelist= {64, 100, 78, 80, 72};   ……配列
004          for(int i:scorelist) {   ……配列のすべての要素について表示することをくり返す
005              System.out.println(i);
006          }
007      }
008  }
```

実行

```
64
100
78
80
72
```

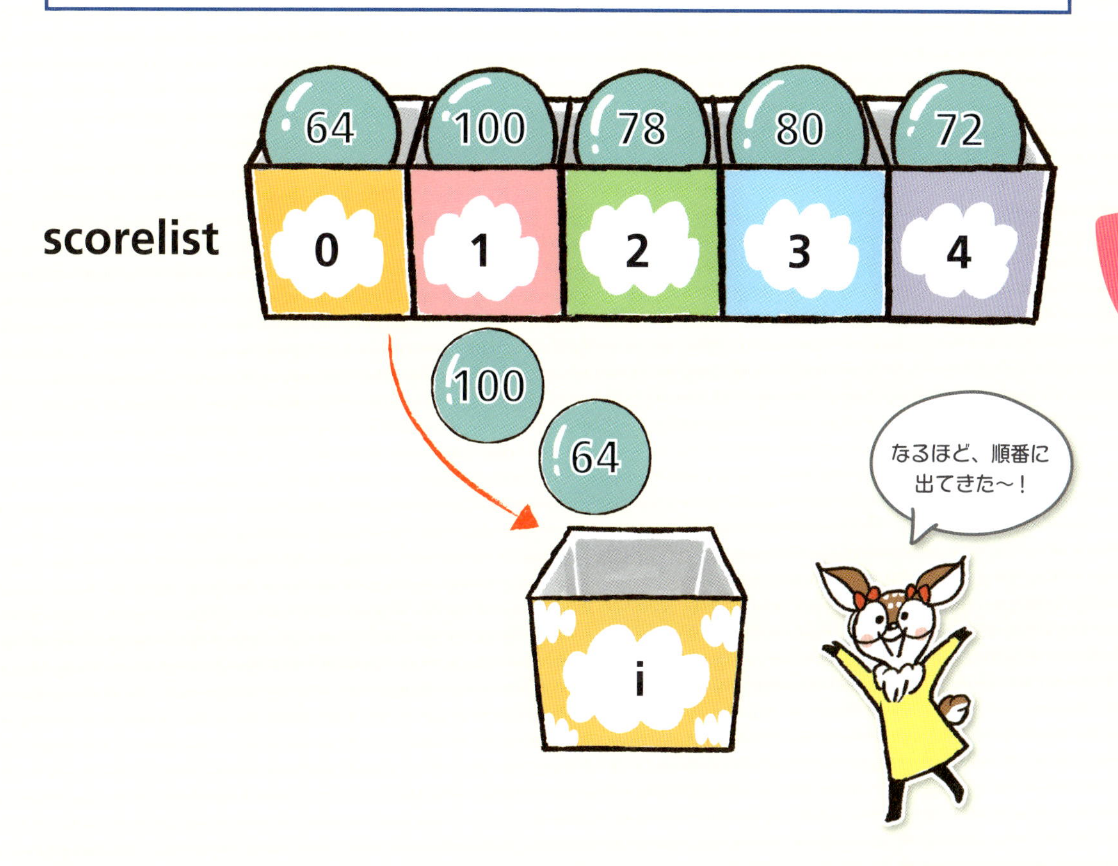

配列の中の点数を足す拡張for文

次は、「配列の合計を求めるプログラム」を作ってみましょう。

配列（scorelist）の中にはあらかじめ点数を入れておいて、これを順番に取り出して足していきます。合計値を求めるので合計用変数（total）を用意して、あらかじめ0にリセットしておきます。合計値を求める方法は、「配列からくり返し値を取り出して、合計値用変数（total）に足していくこと」です。for文のブロックが終わったとき、合計値が求まるので、total変数を表示します。

Main.java（chap3-7） chap3-6のMain.javaを修正します。

```
001  public class Main {
002      public static void main(String[] args) {
003          int [] scorelist= {64, 100, 78, 80, 72};   ・・・配列
004          int total = 0;   ・・・・・・・・・・・・・・0にリセット
005          for(int i:scorelist) {   ・・・・・・・・・for文によるくり返し
006              total += i;
007          }
008          System.out.println(total);   ・・・・・・・変数totalの値を表示
009      }
010  }
```

実行

```
394
```

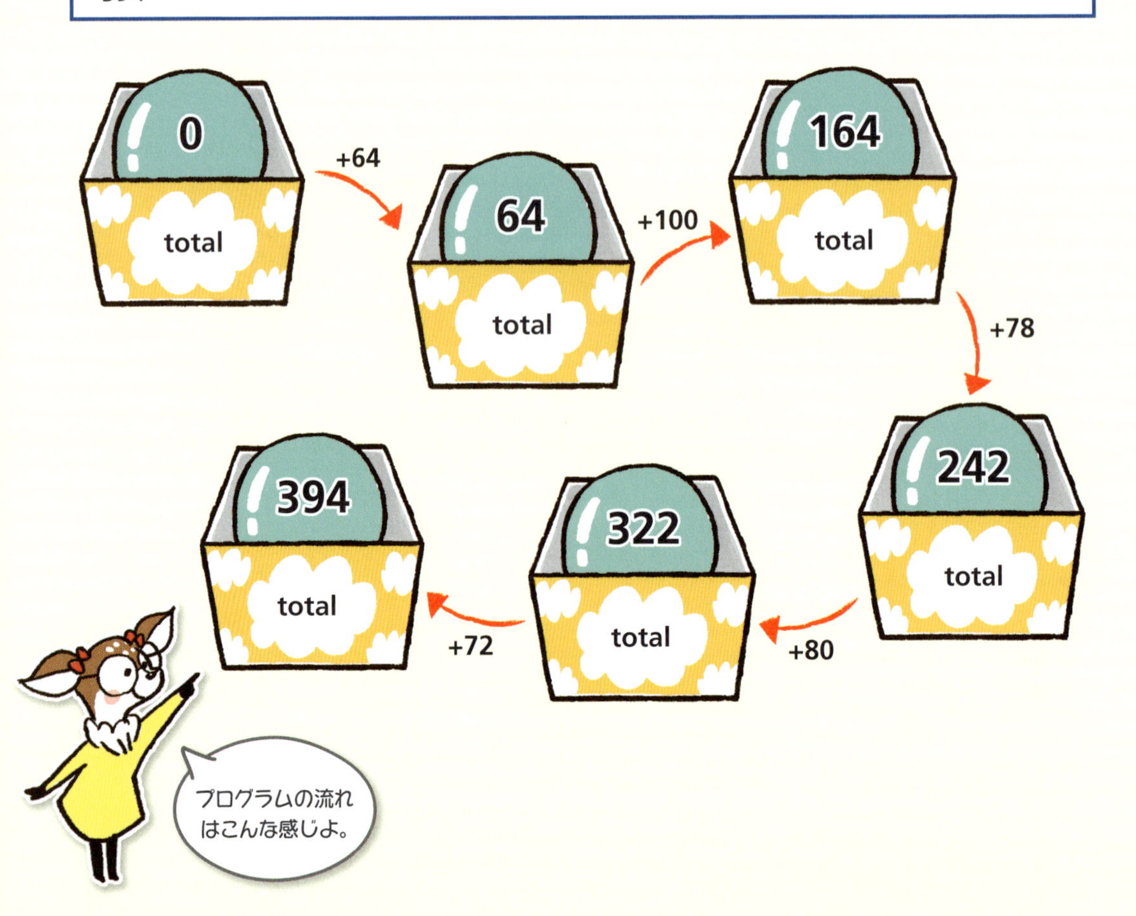

for文の入れ子

for文の「くり返す処理」の中に、さらにfor文を入れることもできます。「くり返しの中でくり返しを行う」という二重のくり返しです。これを「for文の入れ子」といいます。

書式：for 文（入れ子）

```
for (カウント変数1の初期化; くり返す条件式; カウント変数1の変化式) {
    for (カウント変数2の初期化; くり返す条件式; カウント変数2の変化式) {
        くり返す処理
    }
}
```


for文の入れ子では、「外側のfor文のカウントが1進むたび」に、「内側のfor文をすべてくり返す」ということを行うのです。

例として、「0から9までの整数同士をかけ合わせるプログラム」を作ってみましょう。先ほどは5の段だけで行いましたが、それを0〜9のすべての段でくり返します。「くり返しの中でくり返す」ので、内側のfor文の「くり返す処理」は、ブロックが二重になっています。実行すると、すべての段のかけ算が表示されますね。

Main.java（chap3-8）

```
001  public class Main {
002      public static void main(String[] args) {
003          for(int i = 0; i <= 9; i++) {
004              for(int j = 0; j <= 9; j++) {
005                  System.out.println(i+"x"+j+"="+(i*j));
006              }
007          }
008      }
009  }
```

for文②（004〜006行）
for文①（003〜007行）

実行

```
0x0=0
0x1=0
0x2=0
0x3=0
（略）
9x6=54
9x7=63
9x8=72
9x9=81
```

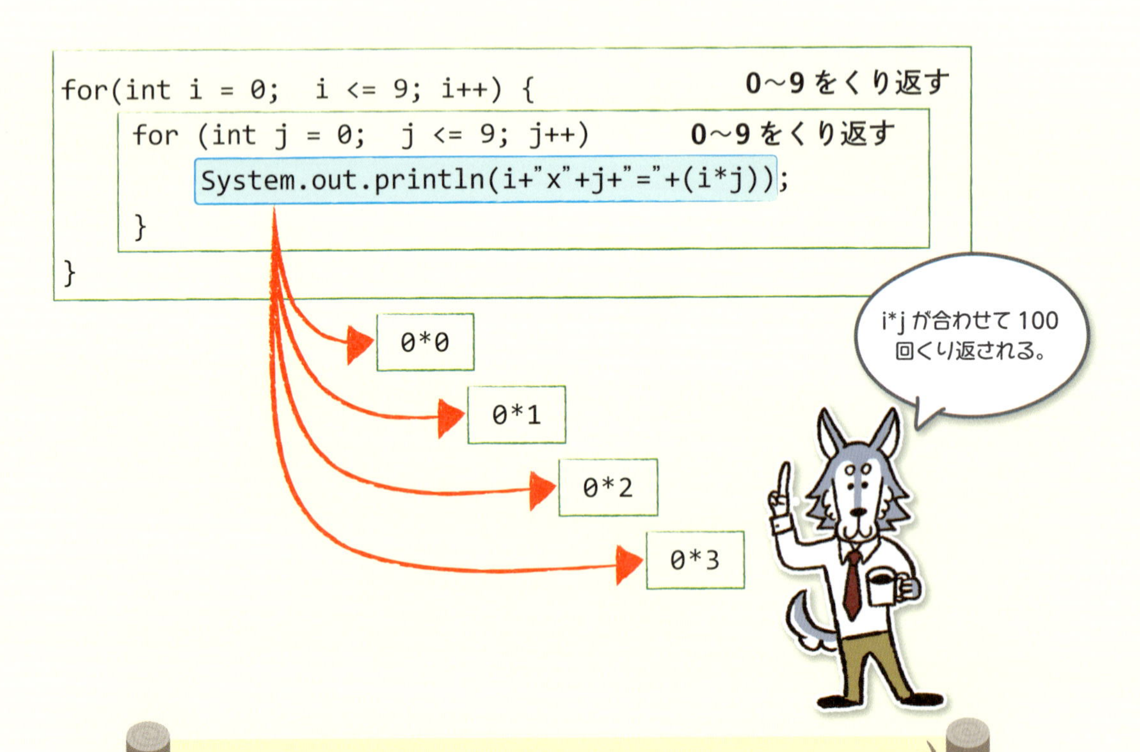

さらに多重にくり返しできる

「くり返しの中で行うくり返しの中で、さらにくり返しを行う」こともできます。「for 文の入れ子」は、このように二重三重四重に重ねていくことができますが、くり返しの量がものすごく多くなり、処理に時間がかかるようになるので注意しましょう。

MEMO

くり返しを中断したいときはbreak文

for 文のくり返しで、途中で止めたくなったときは、「break;」を使います。「くり返し処理を行っていたけれど、途中で目的が達成されたので、そこで処理を中断したいとき」に使います。

0～3のくり返しをして、2になったら中断する

```
for (int i = 0; i <= 3; i++) {
    if (i == 2) {
        break;
    }
    System.out.println( i );
}
```

実行

```
0
1
```

MEMO

くり返しを飛ばしたいときはcontinue文

for 文のくり返しで、途中で処理を中断し、次のくり返しへ進めたくなったときは、「continue;」を使います。「すべてに同じくり返し処理を行うのではなく、ある条件の場合だけ処理を行いたくないとき」に使います。

0～3のくり返しをして、2の処理だけ飛ばして行わない

```
for (int i = 0; i <= 3; i++) {
    if (i == 2) {
        continue;
    }
    System.out.println( i );
}
```

実行

```
0
1
3
```

LESSON 13

LESSON 14

1つの仕事は、1つにまとめる

「ある仕事を行う命令をまとめたもの」のことを、メソッド（関数）といいます。まとめることで使いやすくなったり、プログラムが読みやすくなったりします。

これまで作ってきたようなプログラムは、どれも単純で短いものばかりだけど、実際の現場で作るプログラムはもっと長くて複雑なものばかりだよ。

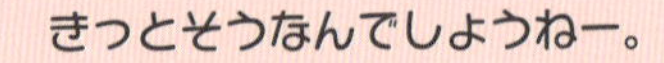

そこで、複雑なプログラムを少しスッキリさせる考え方があるんだ。それが「メソッド」だ。

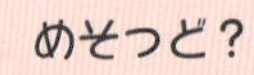

どんな複雑な仕事でも、整理して考えれば仕事の区切りが見えてくる。例えば、複雑に思えたのに、整理して考えると3つの仕事でできていることがわかったりするような場合だ。

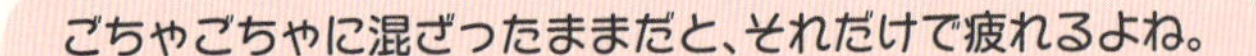

3つの仕事を3つのメソッドに小分けにして考えれば、考えやすいし、使いやすくなる。ごちゃごちゃしなくなるので、バグも入りにくくなるというわけだ。

仕事内容によって分けて整理するのね。小分けされた部分だけ考えればいいから、スッキリしてわかりやすそうね。

 メソッド（関数）で命令をまとめる

「ある仕事を行う命令のまとまり」をブロックに書いてまとめたものが「メソッド」です。これまでにprintln()やnextInt()などを使用してきましたが、これらもJavaによって用意されているメソッドです。ここでは自分でメソッドを作る方法を説明していきましょう。

いろいろなメソッドを自分で作れるぞ。

MEMO

メソッドと関数

メソッドのことを関数と呼ぶ場合もありますが、本書ではメソッドと呼びます。関数とメソッド、どちらも似ていますが、関数は主に結果を返す一般的な計算処理を行うもののことをいいます。それに対しメソッドは、あとで説明しますがオブジェクト指向プログラミングで使う呼び方です。オブジェクトが持っているそのオブジェクトにできる仕事のことをいいます。

メソッドの作り方はいろいろありますが、まずは単純なメソッドを作ってみましょう。「メソッド名」を決めて、「static void メソッド名」と指定してブロックを作ります。そのブロックの中に「メソッドで行う処理」をまとめて書くのです。

書式：単純なメソッドの作り方

```
static void メソッド名() {
    メソッドで行う処理
}
```

メソッドを使ってみよう

メソッドを使うときは、「メソッド名()」で呼び出して実行します。

メソッドを作るときは、「public static void main{ }」のブロックの下に並べて書きます。自分で作ったそのメソッドは、「public static void main{ }」のブロックの中から呼び出して実行します。

プログラムが実行されたときは、まず「public static void main」の中が実行されます。そこに自分で作ったメソッドを呼び出す記述があれば、そこからメソッドが呼び出されて、メソッドの中身が実行されるというわけです。

このプログラムがはじまったら、最初に実行される

```
public class Main {
    public static void main(String[] args) {
        sayhello();
        sayhello();
        sayhello();
    }

    static void sayhello() {
        System.out.println("こんにちは");
    }
}
```

実行して、戻ってくる

「あいさつを3回表示するプログラム」です。「あいさつを表示するメソッド（sayhello）」を下に用意しておいて、「public static void main{ }」の中で3回呼び出します。

Main.java（chap3-9）

```
001  public class Main {
002      public static void main(String[] args) {
003          sayhello();
004          sayhello();
005          sayhello();
006      }
007      static void sayhello() {
008          System.out.println("こんにちは");
009      }
010  }
```

あいさつを表示するメソッドの呼び出し

作成したあいさつを表示するメソッド

実行

```
こんにちは
こんにちは
こんにちは
```

引数や戻り値を使うメソッド

こんにちはと表示するメソッドは、「メソッドを呼べば、こんにちはと表示するだけ」の「決まり切った仕事をするメソッド」でした。しかし、仕事にはいろいろあります。データを渡して処理を調整したり、計算した結果を返してもらうような仕事もあります。メソッドに引き渡すデータのことを**「引数（ひきすう）」**または「パラメータ」といい、メソッドが処理したあとに戻ってくる値のことを**「戻り値（もどりち）」**といいます。

メソッドには「①引数も戻り値もないメソッド」「②引数だけあるメソッド」「③戻り値だけあるメソッド」「④引数も戻り値もあるメソッド」などの種類があります。

①引数も戻り値もないメソッド

決まった仕事をさせたいとき

②引数だけあるメソッド

違うデータを渡して、処理を調整したいとき

③戻り値だけあるメソッド

処理に変化があるのを知りたいとき

④引数も戻り値もあるメソッド

データを渡して計算したり、実行結果を知りたいとき

●引数も戻り値もないメソッド

「①引数も戻り値もないメソッド」は、「決まり切った仕事をさせたいとき」に使います。

●引数だけあるメソッド

「②引数だけあるメソッド」は、「値を渡して処理内容を調整したいとき」に使います。例えば「こんにちはと表示する」だけなら「①引数も戻り値もないメソッド」で実行できますが、「ユーザー名つきで、こんにちはと表示する」ような場合は、「②引数だけあるメソッド」を使います。

書式：単純なメソッド（引数がある場合）

```
static void メソッド名(引数1の型 引数1, 引数2の型 引数2,..) {
    メソッドで行う処理
}
```


「名前つきであいさつをするプログラム」です。「名前を渡すと、その名前つきであいさつするメソッド（sayhello2）」を作って、呼び出しています。

Main.java（chap3-10）

```
001 public class Main {
002     public static void main(String[] args) {
003         sayhello2("いろは");         ……あいさつを表示するメソッドを呼び出し
004         sayhello2("オオカミ先生");
005     }
006     static void sayhello2(String name) {
                                      ……作成した名前つきであいさつを表示するメソッド
007         System.out.println("こんにちは、" + name + "さん。");
008     }
009 }
```

実行

```
こんにちは、いろはさん。
こんにちは、オオカミ先生さん。
```

●戻り値だけあるメソッド

「③戻り値だけあるメソッド」は、「処理に変化があるので知りたいとき」に使います。例えば、実行して初めて処理の結果がわかる「毎回結果の変わるサイコロ」などのような場合です。

書式：単純なメソッド（戻り値がある場合）

```
static 戻り値の型 メソッド名() {
    メソッドで行う処理
    return 戻り値;
}
```

「サイコロのプログラム」です。「サイコロの目を返してくれるメソッド（dice）」を作って、呼び出しています。

Main.java（chap3-11）

```
001 import java.util.Random;
002 public class Main {
003     public static void main(String[] args) {
004         int d = dice();                        ……メソッドを呼び出してサイコロの目を変数に入れる
005         System.out.println("サイコロは、"+d);  ……結果を表示
006     }
007     static int dice() {                        ┐
008         Random rnd = new Random();             │……作成したサイコロの
009         int ans = rnd.nextInt(6) + 1;          │  目を返すメソッド
010         return ans;                            ┘
011     }
012 }
```

実行

```
サイコロは、5
```

●引数も戻り値もあるメソッド

「④引数も戻り値もあるメソッド」は、「データを渡して計算したり、実行結果を知りたいとき」に使います。例えば、商品の本体価格によって、消費税の金額は変わります。このように計算結果を返して欲しいような場合などに使います。

書式：単純なメソッド（引数と戻り値がある場合）

```
static 戻り値の型 メソッド名(引数1の型 引数1, 引数2の型 引数2,..) {
    メソッドで行う処理
    return 戻り値;
}
```


「消費税計算のプログラム」です。「金額を渡すと、消費税計算をした結果を返してくれるpostTaxPrice（price）」を作って、呼び出しています。

Main.java（chap3-12）

```
001 public class Main {
002     public static void main(String[] args) {
003         double ans = postTaxPrice(980);
                        ……………… 金額を渡して消費税計算の結果を変数に入れる
004         System.out.println(ans + "円");  ……………………結果を表示
005     }
006     static double postTaxPrice(int price) {  ┐
007         double ans = price * 1.08;           │…… 渡された金額で消費税を計算して返すメソッド
008         return ans;                          ┘
009     }
010 }
```

実行

```
1058.4円
```

このように「ある仕事を行う命令のまとまり」をメソッドにまとめると使いやすくなるね。

いいこと考えたっ！この前作った「計算問題を出すプログラム」をメソッドとしてまとめちゃうのはどう？そしてたくさん呼び出すようにすれば、「計算問題大量作成マシーン」になるんじゃない？

いいねぇ。じゃあやってみようか。

「計算問題大量作成マシーンのプログラム」です。「計算問題を出すメソッド（makeQuestion）」を作って、くり返し呼び出しています。

Main.java（chap3-13）

```
001  import java.util.Random;
002  public class Main {
003      public static void main(String[] args) {
004          for (int i = 0; i < 5; i++) {
005              makeQuestion();    …… 計算問題を表示するメソッドをくり返し呼び出す
006          }
007      }
008      static void makeQuestion() {
009          Random rnd = new Random();
010          int a = rnd.nextInt(100);
011          int b = rnd.nextInt(100);
012          String question = a + "x" + b + "=?";
013          System.out.println(question);
014      }
015  }
```

（008〜014行目：計算問題を表示するメソッド）

実行

```
37x75=?
78x91=?
96x57=?
3x49=?
55x71=?
```

できたできたー。問題が5問も出るよ。5のところを100に変えたら、100個出すことだってできちゃう！

できたねー。せっかくだから、答え合わせってできないかなあ。

プログラムがスッキリしても、構造が複雑になってくると、ややこしくなってくるね。

そうなんですよねー。

構造の複雑な問題は、ひたすらがんばって解決する方法もあるけれど、オブジェクト指向という考え方を使って解決する方法があるんだよ。

出たっ！オブジェクト指向！

プログラミングもだいぶ進んできたから、もうそろそろオブジェクト指向へ進もうかな。

他の人が作ったプログラムを利用する

他の人が作ったプログラムを読み込んで利用するときは、**import**（インポート）を使います。

オブジェクト指向へ進む前に、もうひとつ便利な機能を紹介するよ。それが「import（インポート）」だ。

いんぽーと？

基本的なプログラムって、だいたい誰が作っても同じプログラムになるよね。誰が作っても同じなのに、いちいち作るのは大変だし時間ももったいない。

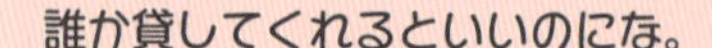

誰か貸してくれるといいのにな。

そうなんだ。だから、誰もが使いそうな基本的なプログラムは、共同で使えるようにまとめて、使えるようにしてあるんだ。それをクラスライブラリという。そのクラスライブラリを借りる方法が「import」なんだ。

あれ？ importって、使った気がする。Randomを準備するとき使ってたよね。

そのとおり。あのRandomはクラスライブラリを借りて作っていたんだ。

そうだったのね。ありがとう〜。

importで読み込む

「import」を使うと、クラスライブラリを読み込んで利用することができます。

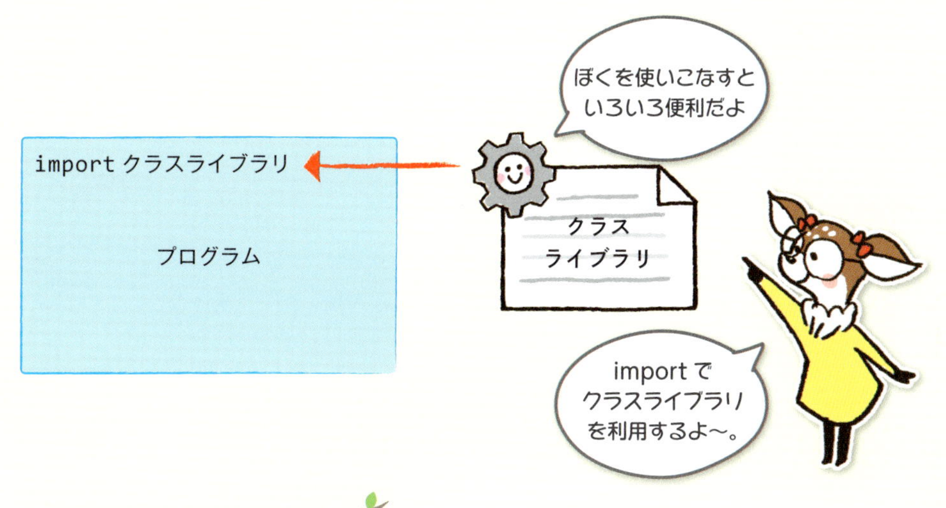

書式：import する方法

```
import クラスライブラリ名
```

java.util.Randomをimportする

Javaにはあらかじめ「標準クラスライブラリ」がたくさん用意されています。

クラス	目的
java.awt	グラフィックスの描画や、GUIの作成用
java.io	ファイルシステムの入出力用
java.net	ネットワーク・アプリケーションの実装用
java.time	日付、時間用
java.util	コレクション、国際化、ランダムなどのさまざまなユーティリティ機能用

いろいろあるのね。

これらは、Java環境にすでに用意されているので、importで指定するだけで読み込んで利用することができます。

第2章で使っていた「Random（ランダム）」は、「java.util」の中の「java.util.Random」を使っていました。「毎回何が出るかわからない数値」を扱うことができるようになります。

このRandom（ランダム）と配列を使うと「おみくじプログラム」なんてすぐに作れるよ。

おみくじ？

おみくじの結果を「文字列の配列（kuji）」に用意しておいて、その配列の数（kuji.length）までのランダムな整数を作って、その整数で配列の要素を指定（kuji[id]）すればいいんだよ。

今すぐ作っちゃおうっと。

「おみくじのプログラム」です。「おみくじを表示するメソッド（omikuji）」を作って呼び出しています。

Main.java（chap3-14）

```
001  import java.util.Random;
002  public class Main {
003      public static void main(String[] args) {
004          omikuji();  ……おみくじメソッドを呼び出す
005      }
006      static void omikuji() {  ……おみくじメソッド
007          String [] kuji = {"大吉", "中吉", "吉", "末吉", "凶"};
008          Random rnd = new Random();
009          int id = rnd.nextInt(kuji.length);
010          System.out.println(kuji[id]);
011      }
012  }
```

実行

```
大吉
```

やった。大吉出ました～。

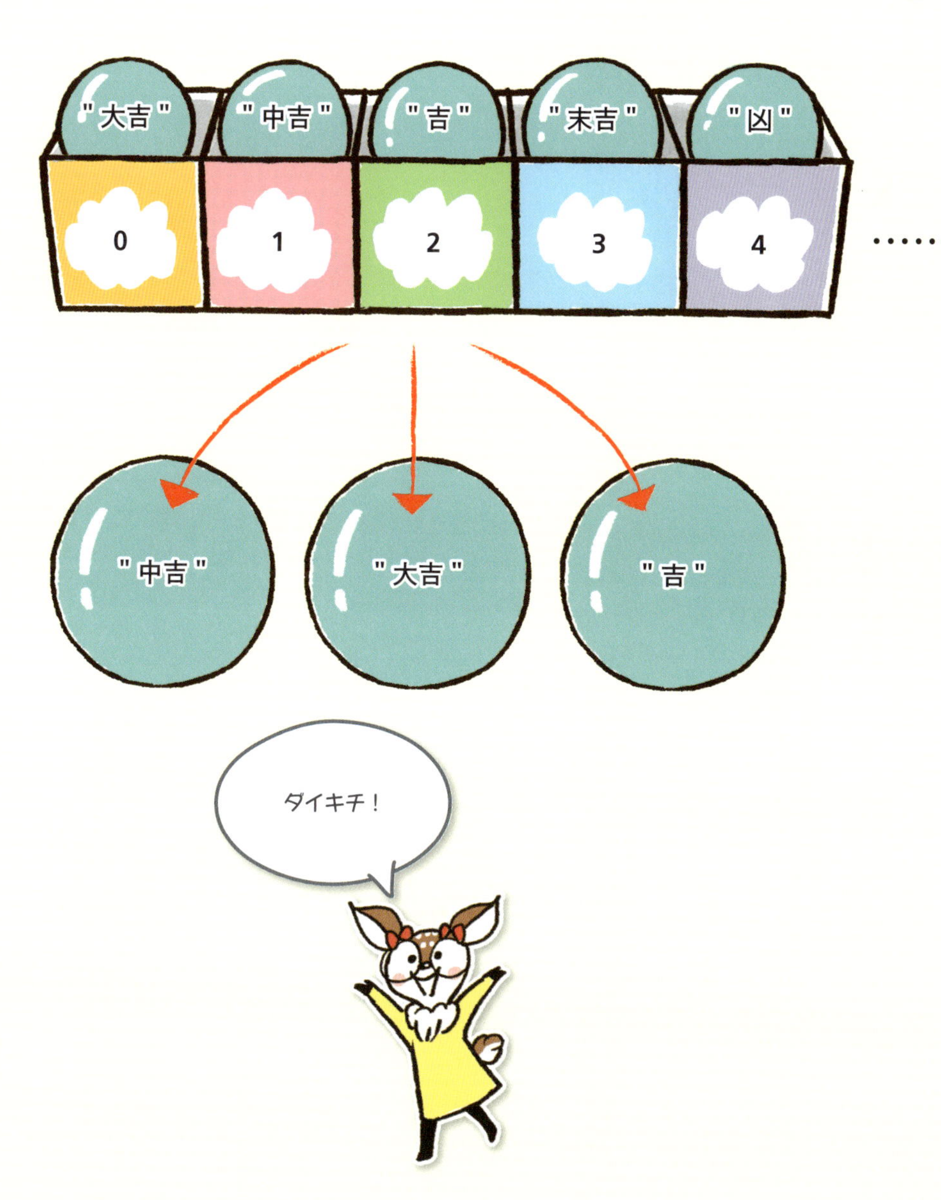

 java.time.ZonedDateTimeをimportする

「java.time.ZonedDateTime」と「java.time.ZoneId」を使うと、日本の日時を扱うことができるようになります。

「日本の現在時刻を表示するプログラム」です。「ZonedDateTime.now()」で日本を表す「Asia/Tokyo」を指定すると、現在の日本の時間を取得します。「getHour()」「getMinute()」「getSecond()」で時分秒を取得して表示します。

Main.java（chap3-15）

```
001  import java.time.ZonedDateTime;
002  import java.time.ZoneId;
003
004  public class Main {
005      public static void main(String[] args) {
006          ZonedDateTime now = ZonedDateTime.now(ZoneId.↵
     of("Asia/Tokyo"));  ……現在の時刻を変数nowに入れる
007          String nowTime = now.getHour() + ":" + now.↵
     getMinute() + ":" + now.getSecond(); ……時分秒を取得し、つなげた文字列にする
008          System.out.println(nowTime);
009      }
010  }
```

実行

```
13:29:9
```

プログラムで時間もわかるのね。

第4章

オブジェクト指向って何？

for文、if文、メソッド、インポートなど
いろいろやったけどついてこれてる？

この章でやること

クラスとインスタンス

フィールドとメソッド

コンストラクタ

Intro duction

オブジェクト指向の考え方とは？

オブジェクト指向プログラミングは、これまでと違った考え方で設計していくプログラミングの方法です。これまでとどのように違うのでしょうか？

それでは、オブジェクト指向プログラミングへと進んでいくよ。

「オブジェクト」って「物」ってことですよね。「指向」は「その方向に向かう」って感じだから、「物の方向に向かうプログラミング」ってこと？う～ん、よくわかんないよ。

名前だけ見ていると、いろいろ想像が膨らむのでわかりにくいよね。そうじゃなくて、何のために生まれたプログラミングなのか、その目的に注目してみよう。

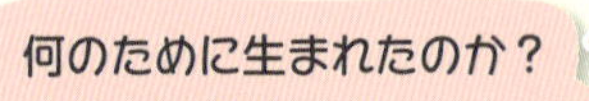

オブジェクト指向プログラミングは「ある問題を解決するため」に生まれてきたんだ。

その昔コンピュータでは、合計値を求めるとか、平均値を求めるといった単純な集計処理を行っていた。

表計算ソフトでできそうなものですね。

便利だから、いろんな仕事をコンピュータにさせるようになってきたんだけど、世の中には複雑な仕事もいっぱいある。どうも単純にプログラミングできない種類の仕事があることもわかってきたんだ。

単純な仕事ばかりじゃないですからねぇ。

あるとき、「現実世界の複雑な仕事は、現実世界のしくみをまねて作ったらいいんじゃないか」というアイデアが生まれた。例えば、複雑な仕事ってたくさんの人々が連携しながら行っているから、そのしくみをそのままプログラム化すれば、同じように仕事をしてくれるはず、って考えたんだ。

コンピュータの中に、仮想世界を作るみたいな感じですか？

そうだね。コンピュータの中に人の代わりをするミニロボットをたくさん用意して、協力させて仕事を行うような考え方だ。この情報処理ロボットのことを「オブジェクト」と呼ぶんだ。

オブジェクトって、仕事をするミニロボットなんですね。

つまり「オブジェクト指向プログラミング」というのは、「働くミニロボたち（オブジェクト）をたくさん作って、みんなで問題解決することを目指したプログラミング」っていう意味なんだよ。

LESSON 16

オブジェクト指向プログラミングと手続き型プログラミング

オブジェクト指向プログラミングとは、「複雑な現実世界の問題を、現実世界のしくみをまねて解決しようとする方法」です。

最初は、「手続き型プログラミング」が主流でした。「問題を解決する手順」を用意して、その手順通りに解決していく方法です。いわば一人でできる程度の決まり切った仕事をまねてプログラムする方法です。ですが世の中には、これでは対応できない複雑な問題がたくさんあります。例えば、「多くの人で分業して行う仕事」のような場合です。

そこで生まれたのが、「オブジェクト指向プログラミング」です。これはいわば、多くの人で分業して行う仕事をまねてプログラムする方法です。1つのプログラムの中に、いろいろな「担当者」を用意して、担当者同士でやりとりをしながら、全体として問題を解決していく方法です。

例えば、「ユーザーがボタンを押したら、ネットからあるURLの情報をダウンロードしてきて、画面に表示する」というプログラムで考えてみよう。

ほうほう。

手続き型プログラミングだと、「すべて自分一人で行うとしたらどうするだろう」という視点で考えていくんだ。

やることが、盛りだくさんですね。

まずボタンの監視をして……ダウンロードを行う処理もして……最後にデータを表示させる……と、一連の流れとして作っていく。しかも、途中でエラーが起こったらどうすればいいか、などといろいろな状況について考えなくちゃいけない。

・ボタンの監視
・押されたらダウンロード開始
・ダウンロードが終わったら表示

これに対し、オブジェクト指向だと、まず「役割で分けよう」と考える。この場合なら、「ボタンを調べる担当者」「ダウンロードする担当者」「表示する担当者」の３つに分けてみる。

３人で協力するのね。

ボタン担当者はボタンが押されたかだけを調べる。押されたらダウンロード担当者に「ボタンが押されたよ」といって仕事は終わる。

簡単なお仕事ね。

ダウンロード担当者は、連絡がきたら、データのダウンロードだけを行う。終わったら、表示担当者に「このデータをダウンロードしたよ」とデータを受け渡して仕事を終了する。

バトンタッチして終了〜。

そして表示担当者は、連絡がきたら、そのデータを表示することだけを行えばいい。

みんな仕事がシンプルなので、なんだか仕事全体が簡単に思えてきたよ。

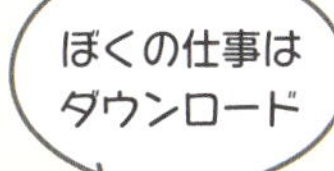

ぼくの仕事は
ボタンの監視

ぼくの仕事は
表示

- ミニロボ **1.** ボタンの監視
- ミニロボ **2.** ダウンロード処理
- ミニロボ **3.** 表示処理

でも、センセイ！分けたのはいいけど、結局３人分のプログラムを書かないといけないんでしょう？ プログラムの量的には手続き型と同じじゃない？ むしろ手間がかかってる気がするよ。

たしかに、オブジェクト指向は多少手間がかかる。でもこれは**「複雑な仕事を解決するための方法」**なんだ。複雑な仕事を考えるとき、役割に分けることで、分けた仕事にだけ集中して考えられるので、わかりやすくて、作りやすくなるというわけだ。

てことは、簡単な仕事までオブジェクト指向で書く必要はないってこと？

そうだよ。なんでもかんでもオブジェクト指向にすればいいってもんじゃない。目的によって、プログラムの手法も使い分けが重要なんだ。

オブジェクトとメッセージ

オブジェクト指向では、役割で分けた担当者それぞれのことを**「オブジェクト」**と呼ぶ。担当者といってるけど実際は「人」ではなく「情報処理ロボットみたいなモノ」なので**「オブジェクト（モノ）」**といってるんだよ。

プログラムでできたミニロボね。

オブジェクトは、別のオブジェクトに「ボタンが押されたよ」とか「このデータをダウンロードしたよ」などと連絡して、仕事をつないでいく。この連絡のことを**「メッセージ」**と呼んでいる。

メッセージで連絡しあうなんて、かわいい。

つまり、オブジェクト指向プログラミングとは、**「オブジェクト同士がメッセージで連絡しあいながら、全体として問題を処理していくシステム」**なんだ。

だから、オブジェクト指向で作るということは、次のようなメリットがあるよ

1. 複雑なしくみがわかりやすくなる

担当者に分けて考えていけるので、複雑な処理を行うときも、「どんな担当者が必要か」、「全体としてどんな流れで処理を行っていくのか」という、現場監督的な広い視点で流れを理解しやすくなります。

2. 大規模なプログラムを作りやすい

手続き型の「すべてを自分一人で処理していくような考え方」で作っていくと、大規模なプログラムになってくると、考える範囲がどんどん広くなって大変になっていきます。それに対し、オブジェクト指向であれば、プログラムが大きくなっても「担当者を増やす」という視点で考えることができるので考えやすいのです。さらにプログラムを開発する現場でも、プログラムをオブジェクトごとに切り分けて作ることができるので、1つのプログラムを複数の開発者で手分けして作ることもやりやすいのです。

3. 変化に対して柔軟に対応しやすい

プログラムの修正は、いつ起こるかわかりません。「プログラムの中に問題があったとき」にも起こりますが、「プログラムの外の状況が予想外に変化したとき」にも起こります。

予想外の修正は大変ですが、オブジェクト指向では、オブジェクトで切り分けされているので、修正はやりやすくなっています。問題のあるオブジェクトだけを修正すれば対処できるからです。もし修正が難しい場合は、オブジェクトをまるごと差し替えてしまうことでも対応できるのです。

クラスとインスタンス

オブジェクト指向で実際にプログラムを作るときは、クラスとインスタンスが必要になります。クラスやインスタンスについて見ていきましょう。

クラスは設計図、動いて触れる状態のものがインスタンス

オブジェクト指向の「考え方」はわかってきたけど、これを「実際のプログラム」として作っていくときには、さらにある考え方を使う。それが、クラスとインスタンスだ。

クラスとイスとタンス？ 学校の椅子をどうするんですか？

いやいや、「クラス」と「インスタンス」だよ。

オブジェクト指向で考えた方法を、実際のプログラムとして作っていくためには、

- **そのオブジェクトは、具体的にどのようなことができるのか？**
- **そのオブジェクトにできることとは、具体的にどんな処理を行うことなのか？**

という具体的な詳細を、きちんと書いていく必要があります。

●クラス

その詳細が具体的に書かれたものを「クラス」といいます。クラスとは、いわば「オブジェクトの設計図」です。そのクラスを見れば、「そのオブジェクトにどんなことができて」、「どんな手順で処理を行うのか」がわかります。オブジェクトをプログラムとして作っていくときは、まずクラスから作りはじめます。

●インスタンス

ですが、クラスはただの設計図です。プログラムとして動いたり、命令したり、別のオブジェクトとつないだりするためには、実際にプログラムの中で「動いて触れる状態のもの」として登場させる必要があります。クラスという設計図から、プログラムの中で動いて触れる状態のものとして登場させたもの。それが「インスタンス」です。

●クラスとインスタンス

おさらいしてみましょう。

1. オブジェクト指向プログラミングでは、ある問題を解決しようとするとき、まず「ある役割を持つオブジェクト」に分けてしくみを考えていくところからはじめます。そして、これでうまく解決できそうだという計画が立ったら、プログラミングをはじめます。
2. そこで使うオブジェクトとは具体的にどのようなものなのかを「クラス」で書いて用意します。
3. 最後に、動いて触れる状態の「インスタンス」として登場させて、命令したり、別のオブジェクトとのつながりを指示して作っていくのです。

オブジェクト指向プログラミングは、この3段階で考えていきます。

①オブジェクト

設計段階で考える、ある役割を持つプログラム的な部品

②クラス

プログラム段階で使う、オブジェクトの設計図

③インスタンス

プログラム段階で使う、クラスから作り出して動いて触れる状態のもの

MEMO インスタンスがなくても実行できるメソッド

クラスは設計図で、インスタンスを作ってはじめて使うことができるのですが、「static」で指定すると、インスタンスがなくても使えるフィールドやメソッドを作れます。インスタンスではなく「クラスが持っているフィールドやメソッド」なので、「クラスフィールド」「クラスメソッド」と呼びます。
実は、クラスメソッドはこれまでも使ってきました。Main.java を実行したとき最初に実行される「public static void main(String[] args)」が、static のクラスメソッドだったのです。だから、インスタンスを作らなくてもいきなり使えていたのです。
その他にも「System.out.println」もインスタンスを作らなくて使えていましたが、これもクラスメソッドでした。

MEMO オブジェクト指向は設計や分業がしやすい

オブジェクト指向は、よく「再利用しやすいことがメリット」といわれることがあります。同じようなプログラムをたくさん作るような開発現場ではこれがメリットになるでしょう。しかし「これまでにない新機能の開発が求められるような開発現場」では、再利用が行われる機会は意外と少なかったりします。そのような現場では、むしろオブジェクト指向のほうが、設計をしやすく、分業もしやすいので、開発で使われるケースが多いように感じます。

クラスの作り方

それでは具体的なプログラムとして、クラスやインスタンスがどのようなものなのかを、実際に作って体験してみましょう。

クラスの作り方のルール

1. 1クラスは1ファイルで作る

Javaでは基本的に1クラスは1ファイルで作ります。

2. ファイル名はクラス名と同じ名前で作る

ファイル名は、「クラス名.java」というクラス名と同じ名前で作ります。例えば、「MyClass」という名前のクラスを作るときは、ファイル名は「MyClass.java」で作ります。

3. クラスは、波カッコで囲んで作る

クラスは「class クラス名」と書いたあと、「{」と「}」で囲んで作ります。波カッコで囲まれた中にクラスに関する詳細を書いていきます。

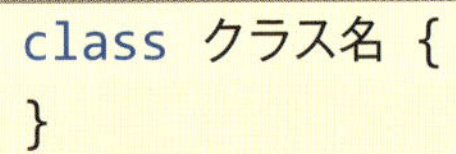

```
class クラス名 {
}
```

新しいクラスを作ったら、次はそのインスタンスを作ります。インスタンスの作成は、基本的にそのクラスの外から行います。一度、Mainに戻って、そこで新しいクラスのインスタンスを作ります。

インスタンスを作るには「new クラス名()」という命令で行います。作ったインスタンスは、変数に入れて取り扱います。この変数にもデータ型を指定する必要がありますが、「クラス名」を指定します。「整数を入れる変数」ならint、「小数を入れる変数」ならdoubleというデータ型を指定するのと同じように、「インスタンスを入れる変数」には、クラス名というデータ型を指定するのです。

書式：クラスからインスタンスを作る

```
クラス名 変数名 = new クラス名();
```

何にもしない空っぽのオブジェクトを作るプログラム

実際にクラスを作ってみよう。まず最初は、「何にもしない空っぽのオブジェクトを作るプログラム」だ。クラス名は「MyClass」。

一般的なJava開発環境ではテキストファイルを新規作成して、新しいクラスのファイルを作ります。paiza.IOでも操作方法は違いますが、以下のようにして新しいクラスのファイルを作ります。

1 新しいクラス用のファイルを作ります。

タブの「＋」ボタンをクリックすると❶、新しいファイルが作られます。このとき、自動的に「File1」などという仮の名前で作られるので、ファイル名をダブルクリックしてファイル名を変更します。「MyClass」というクラスを作りたいので、ファイル名を「MyClass.java」に変更します❷。

②クラスのブロックを書きます。

「MyClass.java」ファイルに「MyClass」というクラスを作ります。「class MyClass」と書いたあとを、「{」と「}」で囲んで作ります。「空っぽのクラス」はこれで完成です。

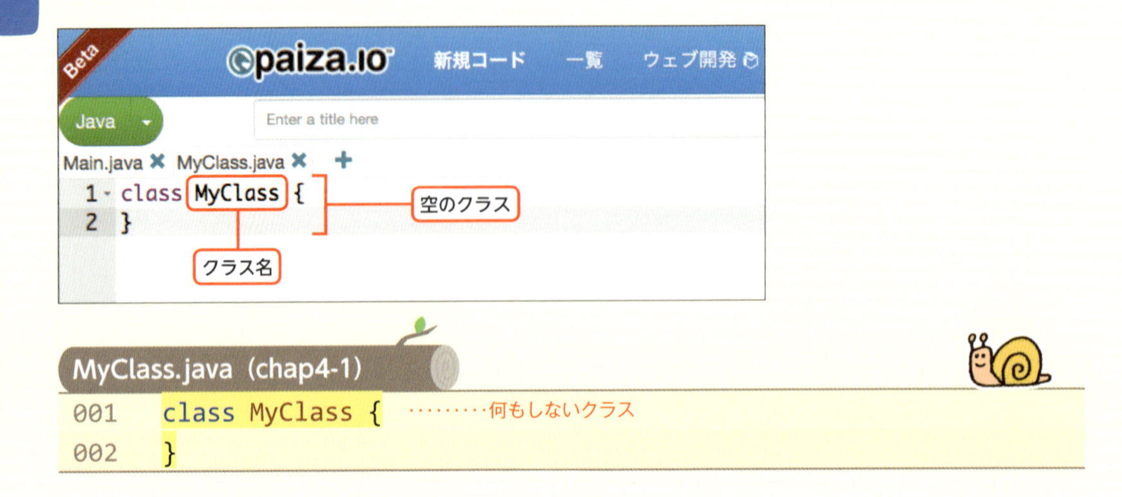

MyClass.java（chap4-1）

```
001  class MyClass {    ・・・・・・・・何もしないクラス
002  }
```

③Main.javaで、インスタンスを作ります。

一度、元々あったMainクラスに戻りましょう。「Main.java」タブをクリックして、Mainに戻り、作ったMyClassクラスのインスタンスを作ります。これで「何にもしない空っぽのオブジェクトを作るプログラム」の完成です。

Main.java（chap4-1）

```
001  public class Main {                              ……………何もしないで空っぽのオブジェクトを作るプログラム
002      public static void main(String[] args) {
003          MyClass myClass = new MyClass();          ……インスタンス作成
004      }
005  }
```

実行したらエラーが出なかったから動いてるんだろうけど、どういうしくみなのか今はよくわかんないね。

MEMO

最初に実行されるクラスについて

ここで、少し気づくことはないでしょうか。実はこれまで、「新規コード」をクリックして、新しいJavaのファイルを新規作成したときにも、1行目に必ず「public class Main {」と書かれていたと思います。実はこれも「Main」という1つのクラスだったのです。paiza.IOでは、Mainというクラスは特別で「Javaプログラムを実行したとき、最初に実行されるクラス」なのです。だから、Mainの中にプログラムを書けば、すぐに実行されていたのです。

paiza.IO以外の開発環境では、Javaプログラムを実行したとき、Mainというクラスから実行されることもありますし、そうでない場合もあります。「Mainという名前だから最初に実行される」のではなく、別のところで「最初に実行するクラスをMainにしてとJavaに指示しているから最初に実行される」のです。paiza.IO以外の開発環境では、最初に実行するクラスの名前を変更することもできます。

Mainが最初に実行されるわけではないのね。

ここは勘違いしないよう覚えておこう。

LESSON 18

Javaのプログラムを読みやすく、正しく動かすために、正しい名前のつけ方を覚えましょう。

3通りの命名ルール

これまで変数名やメソッド名は、以下の3つのルールを元に自由につけてきました。

1. 1文字目はアルファベットか「_」か「$」を使うこと
2. 2文字目以降はさらに数字も使える
3. Javaが予約している予約語は使えない

これは、「プログラムの文字としての必要最低限のルール」なので、プログラムとして読みやすく、正しく動かすためには、Java言語としての名前をつける必要があるのです。

●変数名（キャメルケース）

変数名には、「この変数が何の値か」がわかるように名前をつけます。

- **基本的にすべて小文字でつけます。（例：count、width、word）**
- **2つ以上の単語で作った名前をつけることもできます。その場合は、2つ目以降の単語の先頭を大文字にします。（例：myData、userName、totalScore）**

凸凹の状態が「ラクダのこぶ」のように見えることから、この書き方を「キャメルケース」といいます。

キャメルケース

```
myData、userName、totalScore
```

●メソッド名（キャメルケース）

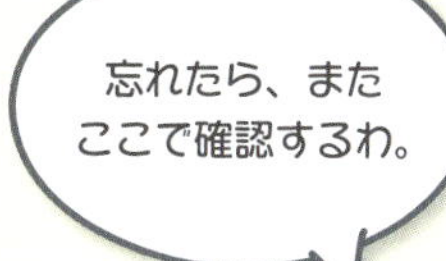

メソッド名には、「このメソッドが何をするのか」がわかるように名前をつけます。メソッドは何かを実行する命令なので、動詞と名詞の組み合わせでつけます。2つ目以降の単語の先頭は大文字にします（例：addValue、isEmpty、clearAll）。

●クラス名（パスカルケース）

クラス名には、「このクラスがどんな役割を持っているか」がわかるように名前をつけます。

- **クラス名は、すべての単語の先頭を大文字にします（例：Calendar）。**
- **2つ以上の単語で作った名前をつけることもできます。この場合、2つ目以降の単語の先頭も大文字にします（例：MessageFormat、SimpleDateFormat）。**

この書き方はPascal（パスカル）というプログラミング言語で使われていたことから、「パスカルケース」といいます。

パスカルケース

```
MessageFormat、SimpleDateFormat
```

Javaで使われている名前は、基本的にすべてこれらのルールでつけられています。ですから、「名前の先頭が大文字のもの」はクラスだということがわかります。これまでに登場してきた、Mainや、Systemや、Randomや、Stringは、クラスだったということが名前でわかるのです。

MEMO

その他の命名ルール

スネークケース（my_data、html_tag）

PHP、Ruby などのプログラミング言語で使われます。単語の間を「_（アンダースコア）」でつなぐ書き方です。蛇のように見えるため「スネークケース」といいます。

ケバブケース（my-data、main-contents）

HTML や CSS そして、「Java の定数」でも使われます。単語の間を「-（ハイフン）」でつなぐ書き方です。肉を串刺しにしたケバブ料理のように見えるため「ケバブケース」といいます。

フィールドとメソッド

クラスが機能を持って動くには、フィールドとメソッドが必要になります。
フィールドやメソッドについて見ていきましょう。

クラスが持っている「変数」と「仕事」

「何もしない空っぽのクラス」はできたけど、このままでは何も機能しない。データを保存する「フィールド」や、実際に処理を行う「メソッド」を作って、クラスを動かしてみよう。

●フィールド

「フィールド」とは、「クラスが持っている変数」のことです。そのオブジェクトがどんな状態にあるのかを表したり、そのオブジェクトが持っているデータを保存したりします。フィールドの作り方は、クラスの中に「データ型 変数名;」で変数を宣言して、データを保存できるようにします。これまで行った変数の作り方です。

書式：フィールドの宣言（クラスの中に変数を作る）

```
データ型  変数名;
```

●メソッド

「メソッド」とは、「クラスにできる仕事」のことです。そのオブジェクトが実際に行う処理の手順が書かれています。「クラスの振る舞い」といわれることもあります。メソッドの作り方は、以前行ったメソッドの作り方と同じです。以前は意識しませんでしたが、実はMainクラスのメソッドを書いて実行していたのです。新しいクラス用にメソッドを作るときは、新しいクラスの中に書いて作ります。

書式：単純なメソッド

```
void メソッド名() {
    メソッドで行う処理
}
```

MEMO

メソッドという言葉の由来

「メソッド」という言葉は、そもそも「何かの目的を達成させるための手順や方法」のことを指します。オブジェクト指向プログラミングでも、メソッドの中には「そのメソッドの目的を達成させるための手順」が書かれているのです。

●フィールドやメソッドにアクセス

実際にフィールドにアクセスしたり、メソッドを実行するときには、インスタンス名とフィールド名やメソッド名を「.（ピリオド）」でつないで指定します。例えば、「myClass」というインスタンスがあって、「myName」というフィールドにアクセスするなら「myClass.myName」、「hello()」というメソッドを呼び出すなら「myClass.hello()」と指定します。

```
myClass.myName
```

インスタンス　ピリオド　フィールドやメソッド

LESSON 20

自分の名前をいってあいさつするオブジェクトに修正1

先ほど「空っぽで何もしないMyClass」を作りましたが、これにフィールドとメソッドを追加して動くようにしてみましょう。クラスに「myName」というフィールドと、「hello()」というあいさつをするメソッドを用意して、作ったインスタンスからメソッドを呼び出して実行します。

① MyClass.javaで、フィールドとメソッドを追加します。

「MyClass.java」ファイルを選択して、MyClassのクラスが表示されます。「myName」というフィールドと、「hello()」というあいさつをするメソッドを追加します。

MyClass.java（chap4-2）

```
001 class MyClass {                                      自分の名前をいってあいさつするクラス
002     String myName = "新しいクラス";                   フィールドの追加
003     void hello() {                                   あいさつするhelloメソッドの追加
004         System.out.println(myName + "です。こんにちは。");
005     }
006 }
```

② Main.javaで、インスタンスのメソッドを呼び出します。

「Main.java」ファイルを選択して、Mainのクラスに戻り、メソッドを実行するプログラムを追加します。

Main.java（chap4-2）

```
001    public class Main {
002        public static void main(String[] args) {
003            MyClass myClass = new MyClass();
004
005            myClass.hello();
006        }
007    }
```

- 001 ……最初に実行するクラス
- 003 ……MyClassインスタンスの作成
- 005 ……MyClassインスタンスのhelloメソッドにアクセス
- 002〜006 ……メソッドを実行するプログラム

実行

```
新しいクラスです。こんにちは。
```

お、ちゃんとメソッドが動いたね。

でも、苦労してクラスで作ったけど、普通にこんにちはと表示させる命令と何が違うんだろ。

これは「ある仕事をするオブジェクトを作った」というところが、普通の命令と違うんだ。

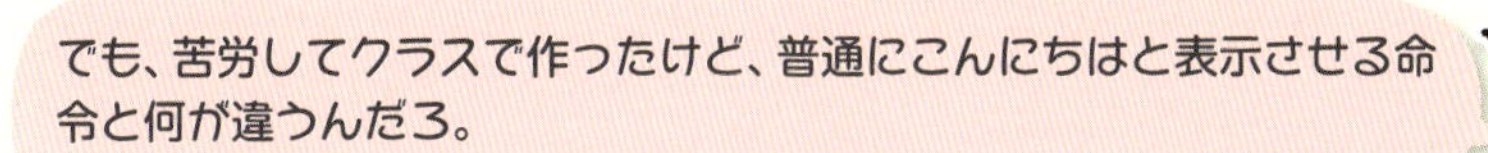

どういうこと？

LESSON 20

「自分の名前をいってあいさつするオブジェクト」を作ったんだよ。それがわかるように、少しオブジェクトの数を増やしてみよう。

自分の名前をいってあいさつするオブジェクトに修正2

Main.java（chap4-3）

```
001  public class Main {                              …… 最初に実行するクラス
002      public static void main(String[] args) {
003          MyClass myClass = new MyClass();  ┐
004          MyClass iroha = new MyClass();    ├ …… 各インスタンスの作成
005          MyClass sensei = new MyClass();   ┘
006
007          myClass.hello();  ┐
008          iroha.hello();    ├ …… 各インスタンスの
009          sensei.hello();   ┘      helloメソッドにアクセス
010      }
011  }
```

実行

```
新しいクラスです。こんにちは。
新しいクラスです。こんにちは。
新しいクラスです。こんにちは。
```

3つにしたんだから、そりゃ同じあいさつが3回出ますよ。

でもこれは、「こんにちはという命令をただ3つ並べただけ」とは少し違う。「自分の名前をいってあいさつするオブジェクト」が3つあるということだ。今から、オブジェクトごとに違う名前をつけてみるよ。

自分の名前をいってあいさつするオブジェクトに修正3

MyClass.java（chap4-4）

```
001 class MyClass {                    ……自分の名前をいってあいさつするクラス
002     String myName = "新しいクラス";  ……フィールドの追加
003     void hello() {
004         System.out.println(myName + "です。こんにちは。");
005     }
006 }                                  あいさつするhelloメソッドの追加
```

Main.java（chap4-4）　chap4-3のMain.javaを修正します。

```
001 public class Main {                                  ……最初に実行するクラス
002     public static void main(String[] args) {
003         MyClass myClass = new MyClass();
004         MyClass iroha = new MyClass();     ……各インスタンスの作成
005         MyClass sensei = new MyClass();
006
007         iroha.myName = "いろは";           ……各インスタンスの
008         sensei.myName = "センセイ";          myNameフィールド
                                                に値を入れる
009
010         myClass.hello();                  ……各インスタンスの
011         iroha.hello();                      helloメソッド
012         sensei.hello();                     にアクセス
013     }
014 }
```

実行

```
新しいクラスです。こんにちは。
いろはです。こんにちは。
センセイです。こんにちは。
```

あっ。「hello()」は変わってないのに、3人とも違う名前を言うようになった。

命令がただ3つ並んでいるのではなく、オブジェクトが3つ動いているということなんだね。

そっかー。これが仕事をするミニロボが3つ働いてるみたいな感じなのね。

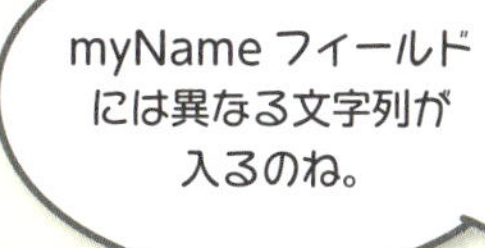

そう！　メソッドの働きは同じだけど、中でフィールドを参照しているから結果が変わるんだ。

LESSON 20

LESSON 21

初期設定はコンストラクタで

インスタンスが作成されるとき、コンストラクタというメソッドが実行されます。コンストラクタについて見ていきましょう。

初期値の設定を行うメソッド

「new クラス名()」でインスタンスを作成したとき、フィールドの中身は空っぽだけど、初期値が必要な場合もある。そういうときは、初期値の設定を行う「コンストラクタ」を使うんだ。

「コンストラクタ」とは、インスタンスを作成したとき、自動的に実行される特別なメソッドのことです。普通のメソッドとそっくりですが、名前には「クラス名と同じ名前」を使い、戻り値がないので戻り値の型を指定しないところが違います。

書式：コンストラクタ

```
クラス名() {
    インスタンスが作成されるときに行う処理
}
```

さあ、ここまでわかってきたら、**「計算問題大量作成マシーンのプログラム」**を改造できるよ。「あとから答えを表示させる機能」だって作れるよ。

えっ！複雑だって思ってたけど、オブジェクト指向だったら作れちゃうんですね。

まず、「どんな役割の担当者が必要か」から考えてみよう。**「計算問題を考える担当者」**が必要だよね。その担当者は「問題を考えているだけ」じゃだめだから、聞いたら問題を教えてくれる機能も必要だ。

聞いたら答えも教えて欲しいですねぇ。

さて「計算問題を考える担当者」だけど、「大量に問題を作れる担当者」を作ろうと考えるのは、やや難しい。だからまずは「問題を1個だけ作れる担当者」を考えてみよう。

難易度を下げて考えるのね。1個作るだけなら簡単かな。

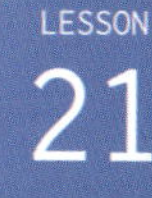

「計算問題を1個だけ作るクラス」を考えてみよう。できることは3つ。「ランダムに問題を1つ作る」「その問題を教えてくれる」「その答えを教えてくれる」だ。

これをクラスで作るってことね。

クラスを作ったら、正しく動くかを確認するために、インスタンスを1個作って試してみるよ。

コンストラクタの引数

「コンストラクタ」には戻り値はありませんが、引数をつけることはできます。インスタンスを作成するときに、引数で値を渡して初期設定を変化させることができるのです。引数のあるコンストラクタは、変化をつけたいとき用のコンストラクタなので、引数のない普通のコンストラクタのほうを「デフォルトコンストラクタ」と呼びます。

「計算問題を1個だけ作るクラス」を作る

まず、「計算問題を1個だけ作るクラス」を作りましょう。クラス名は「CalcQuiz」にします。問題と答えを保存しておけるように、フィールドを用意しておきます。「ランダムに問題を1つ作る」部分は、コンストラクタで行います。インスタンスが作られると同時に、問題と答えを文字列で作って、それぞれフィールドに保存しておくのです。「その問題を教えてくれる」部分は、メソッドで行います。「getQuestion()」というメソッドを作って、フィールドに保存されている問題の文字列を返します。「その答えを教えてくれる」部分も、メソッドで行います。「getAnswer()」というメソッドを作って、フィールドに保存されている答えの文字列を返します。

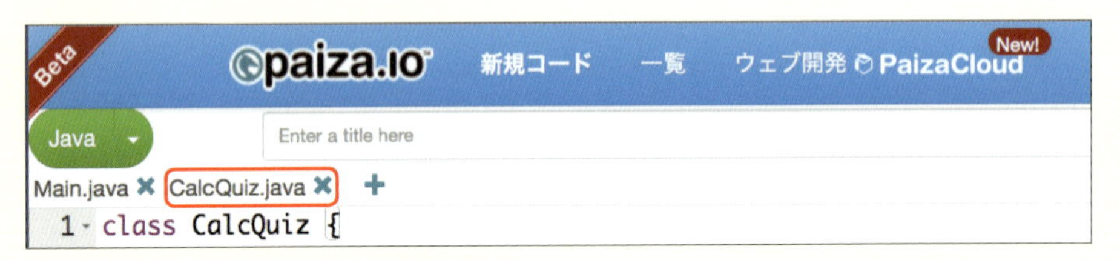

CalcQuiz.java（chap4-5）

```
001 import java.util.Random;
002 class CalcQuiz {                          ……計算問題を1個だけ作るクラス
003     String question;                      ……問題を保存するフィールド
004     String answer;                        ……答えを保存するフィールド
005
006     CalcQuiz () {                         ┐
007         createQuestion();                 │……コンストラクタ
008     }                                     ┘
009     void createQuestion() {               ┐
010         Random rnd = new Random();        │
011         int a = rnd.nextInt(100);         │
012         int b = rnd.nextInt(100);         │……ランダムに問題を1つ作る
013         question = a + "x" + b + "=?";    │……問題の文字列を作る
014         answer = Integer.toString(a * b); │……答えの文字列を作る
015     }                                     ┘
016
017     String getQuestion() {                ┐
018         return question;                  │……問題を出してくれるメソッド
019     }                                     ┘
```

```
020        String getAnswer() {
021            return answer;
022        }
023    }
```

答えを教えてくれるメソッド

このクラスを試すために、Main.javaでインスタンスを作ります。メソッドをそれぞれ呼び出してみましょう。実行すると、問題と答えが表示されます。

Main.java（chap4-5）

```
001    public class Main {
002        public static void main(String[] args) {
003            CalcQuiz q = new CalcQuiz();
004
005            System.out.println(q.getQuestion());
006            System.out.println(q.getAnswer());
007        }
008    }
```

- 001：最初に実行するクラス
- 003：クイズを出すインスタンス
- 005：問題を出す
- 006：答えをいう

LESSON 21

実行

```
26x25=?
650
```

計算問題を100個作る

クラスができた～！　問題と答えが出ましたよ～。

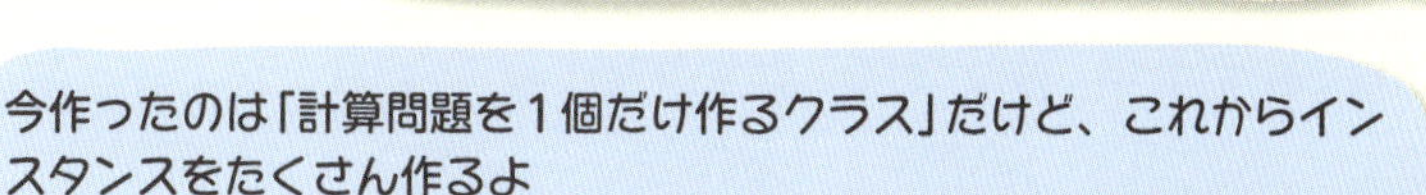

インスタンスをたくさんですか？

このインスタンスは「問題を1個作るだけ」だけど、それがたくさんあれば結果的に大量の問題ができるだろう。

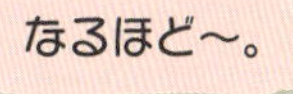

そして、作ったインスタンスは入れ物に入れて取り扱うんだけど、「データがたくさんあるとき」って何を使う?

配列、でしたっけ?

そうだね。作ったインスタンスは変数に入れることもできるし、配列に入れることもできるんだ。

そっか。変数も配列も「データの入れ物」でしたね。

インスタンスがたくさんあっても配列を使えば、for文でくり返すだけで、すべてに命令することができる。さあ、「計算問題大量作成マシーンプログラム」を完成させるぞ。

なんか、いろいろつながってきましたねー。

「CalcQuiz」クラスはできているので、それを呼び出すMain.java側の修正をします。まず、問題数を変数に入れて用意します。「quizNum」という変数にとりあえず5を入れておきます。あとで問題数を増やしたくなったとき、この変数の値を変えるだけで増やすことができるようにするためです。インスタンスを入れる配列「quiz」を作ります。配列ができたら、順番にその中にCalcQuizインスタンスを作って入れていきます。このときコンストラクタが実行されるので、問題と答えが作られます。あとは「すべての問題を表示」させて、次に「すべての答えを表示」させます。何問目の問題かがわかるように、for文のカウント変数を問題の番号として一緒に表示させておきます。さあ、これでできあがりです。

Main.java (chap4-6)

```
001  public class Main {  ……最初に実行するクラス
002      public static void main(String[] args) {
003          int quizNum = 5;  ……問題数
004          CalcQuiz [] quiz = new CalcQuiz[quizNum];
                               ……問題を作るインスタンスを入れる配列
005
006          for (int i = 0; i < quizNum; i++) {   ……問題を作る
007              quiz[i] = new CalcQuiz();              インスタンスを作る
008          }
009          for (int i = 0; i < quizNum; i++) {   ……すべての問題を表示する
010              System.out.println("問" + i + ":" + quiz[i].↵
     getQuestion());
011          }
012          System.out.println("----------");
013          for (int i = 0; i < quizNum; i++) {   ……すべての答えを表示する
014              System.out.println("答" + i + ":" + quiz[i].↵
     getAnswer());
015          }
016      }
017  }
```

LESSON 21

実行

```
問0:87x38=?
問1:2x35=?
問2:3x16=?
問3:20x33=?
問4:55x10=?
----------
答0:3306
答1:70
答2:48
答3:660
答4:550
```

できたできた！問題が出てから、答えも出ました～。そして、quizNumの5を100に変えたんですけど、問題が100個出ましたよ～～！

LESSON 22 フィールドとローカル変数

プログラムをたくさん作るようになってきたので、ここで少し、**フィールドとローカル変数の違い**について見ていきましょう。

ブロックの外に出ると消えるローカル変数

クラスの中には、2種類の変数があります。**「フィールド」**と**「ローカル変数」**です。

フィールドとは、**「クラスが持っている変数」**のことです。「そのオブジェクトに保存させておきたいデータ」に使います。フィールドは、インスタンスを作成すると同時に生まれ、インスタンスがある限り存在し続けます。

プログラム例

```
class Test {                ……フィールドがあるクラスの例
    int answer = 0;         ……このオブジェクトに保存させておきたいデータ
}
```

フィールドは「このオブジェクトでずっと使うデータ」を保存するための変数なのね。

これに対し、ローカル変数とは、「ブロックの中で一時的に使われる変数」です。メソッドの中や、for文の中など、一時的な処理に使います。ローカル変数は、ブロックの中でだけ存在し、ブロックが終了すると消えてしまいます。この「ローカル変数が存在する範囲」のことを「スコープ」と呼んでいます。

ローカル変数って、「ちょっと処理する間だけの変数」なのね。でも、わざわざ変数を消してしまわなくてもいいんじゃない？

不要になった変数を消すのは、安全で、便利にできるからなんだ。変数って名前をつけるの、案外めんどくさいよね。

そうかも。いちいち考えるのって大変。

だからといって、使い終わった変数を使い回すのは危険だよね。変な値が入ってるかも知れないし、別の用途に使いはじめたけど、やっぱりあとで使うんだったっていうこともある。

横着するのはだめでしょう。

だから、不要になった変数が消えてくれることがいいことなんだ。同じような処理にまた同じ名前をつけても大丈夫になる。安全に使えるし、名前を考え直さなくていいので楽ってことなんだ。

LESSON 22

ローカル変数はいろいろなブロックの中で使うことができます。メソッドのブロックの中で作った場合は、そのメソッドの中ではずっと存在し続けます。「メソッドの中での処理」に使います。

プログラム例

```
class Test {  ……………………………ローカル変数があるクラスの例
    void hello() {
        int answer = 0;  ………helloメソッドの中でだけ使うローカル変数
    }
        …………………………………………ここではローカル変数answerは消える
}
```

for文のブロックの中で作った場合は、そのfor文の中ではずっと存在し続けます。for文は、一時的に使うカウント用の変数として、よく「i」や「count」といった変数名を使います。for文がたくさんあれば、それぞれ違う名前を考えないといけないので大変です。1つの変数を使い回すのもあまりよくありません。しかし、ローカル変数だと、for文が終わると消えてしまうので、同じ名前で新しく使うことができるというわけです。

プログラム例

```
class Test {  ………………同じ名前のローカル変数が2回出てくるクラスの例
    void hello() {
        for (int i = 0; i < 5; i++) {  ……… iをカウント用のローカル変数として作る
            処理
        }
        ……………………………ブロックを抜けるとローカル変数iは消える
        for (int i = 0; i < 10; i++) {  …… 再びiをローカル変数として使える
            処理
        }
    }
}
```

ローカル変数とフィールドを明確に区別するには

　しかし、クラスには「ローカル変数」だけでなく、「フィールド」という変数もあります。これらは別々のものなので、名前がかぶっていても作ることができます。そのため、同じ名前のフィールドとローカル変数がある場合、うっかり間違えてしまう可能性があります。

　例えば、「x」というフィールドがあるとき、メソッドの中でも「x」というローカル変数を使うと、どちらがどちらかよくわからなくなります（この場合、ローカル変数のほうが優先されるので、2と表示されます）。

Test.java（chap4-7）

```
001    class Test {                              ……………同じ名前のフィールドとローカル変数があるクラスの例
002        int x = 1;                            …………フィールドでもxを作れる
003        void hello() {
004            int x = 2;                        ………………ローカル変数でもxを作れる
005            System.out.println("x=" + x);     …………ローカル変数のxを表示
006        }
007    }
```

うぉぉ。これはわからなーい！

Main.java（chap4-7）

```
001    public class Main {                       ……………最初に実行するクラス
002        public static void main(String[] args) {
003            Test test = new Test();
004            test.hello();
005        }
006    }
```

実行

```
x=2
```

LESSON 22

そこで、フィールドとローカル変数の区別をはっきりつけるために、「フィールドにはthisをつける」という書き方がよく使われます。

フィールド名の頭にthisをつけて、「this.フィールド名」という名前で指定するのです。

●フィールドには this をつける

書式：フィールドを使うとき

```
this.フィールド名
```

thisとは「このインスタンス」という意味です。フィールド「x」の値を指定したいときは、「this.x」と指定します。「このインスタンスの持っているデータ（フィールド）のx」という意味です。

Test.java（chap4-8） chap4-7のTest.javaを修正します。

```
001 class Test {                                        ……同じ名前のフィールドとローカル変数があるクラスの例
002     int x = 1;                                      ……フィールドでもxを作れる
003     void hello() {
004         int x = 2;                                  …ローカル変数でもxを作れる
005         System.out.println("this.x=" + this.x);     ‥フィールドxを表示
006     }
007 }
```

実行

```
this.x=1
```

「計算問題大量作成マシーンのプログラム」にも、thisをつけてみましょう。フィールドとローカル変数の区別がわかりやすくなります。

CalcQuiz.java（chap4-9）　chap4-5のCalcQuiz.javaを修正します。

LESSON 22

```
001 import java.util.Random;
002 class CalcQuiz {                  ……計算問題を1個だけ作るクラス
003     String question;              ……問題を保存するフィールド
004     String answer;                ……答えを保存するフィールド
005
006     CalcQuiz () {                 ┐
007       createQuestion();           ├……コンストラクタ
008     }                             ┘
009     void createQuestion() {
010         Random rnd = new Random();
011         int a = rnd.nextInt(100);
012         int b = rnd.nextInt(100);
013         this.question = a + "x" + b + "=?";   ……問題を文字列で作る
014         this.answer = Integer.toString(a * b); …答えを文字列で作る
015     }                                       ランダムに問題を1つ作る
016
017     String getQuestion() {        ┐
018         return this.question;     ├……その問題を教えてくれるメソッド
019     }                             ┘
020     String getAnswer() {          ┐
021         return this.answer;       ├……その答えを教えてくれるメソッド
022     }                             ┘
023 }
```

「thisなんとか」って書いてあったらフィールドなんだなって、すぐわかるね。

スコープの範囲

ローカル変数は、そのブロックの内側では有効だけど、ブロックが終了すると消えてしまう。この「ローカル変数が存在する範囲」のことを「スコープ」というんだ。

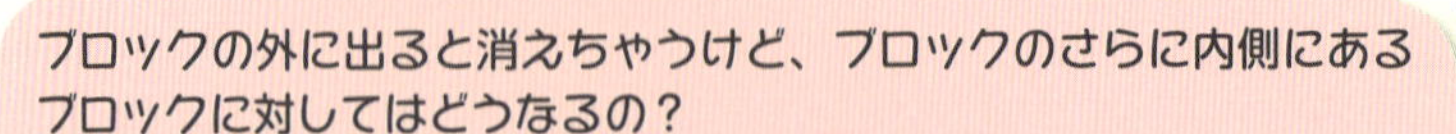

ブロックの外に出ると消えちゃうけど、ブロックのさらに内側にあるブロックに対してはどうなるの？

ブロックの内側に対してはずっと有効なんだ。例えば、メソッドのブロックで作ったローカル変数を、さらに内側のfor文のブロックの中で使うこともできるよ。

変数を作ったブロックが終わるまでは、ずっとあるのね。

だから、内側のfor文の中で、外側のローカル変数と同じ名前の変数を作ろうとすると「すでにその変数はあります」ってエラーになるので気をつけよう。

あれれ。フィールドとローカル変数は同じ名前でも作れるよ。

別物だからね。そういう意味でも、フィールドには「this」をつけて「明示的に区別」するのが安全なんだよ。

```
class Test {
    int x = 1;
    void hello() {
        int x = 2;
        for (int i = 0; i < 3; i++){
            System.out.println("x=" + x);
        }
        for (int i = 0; i < 3; i++){
            System.out.println("x=" + x);
        }
        System.out.println("x=" + x);
        System.out.println("this.x" + this.x);
    }
}
```

フィールドxのスコープ
ローカル変数xのスコープ
ローカル変数iのスコープ
ローカル変数iのスコープ

第5章

もっとオブジェクト指向を知ろう

オブジェクト指向に
ふれてみてどうだった？

それはよかった！
クラスやインスタンス、
コンストラクタ、フィールド、
ローカル変数など、

いろんな専門用語が
出てきたけど、
みんなで手分けして
仕事をするしくみと
考えるとしっくりくるよね。

そうなんです。
ちょっと凝った料理とか、
お母さんや妹と一緒に
作るから
イメージできました。

へ～！
どんな料理
作るの？

この章でやること

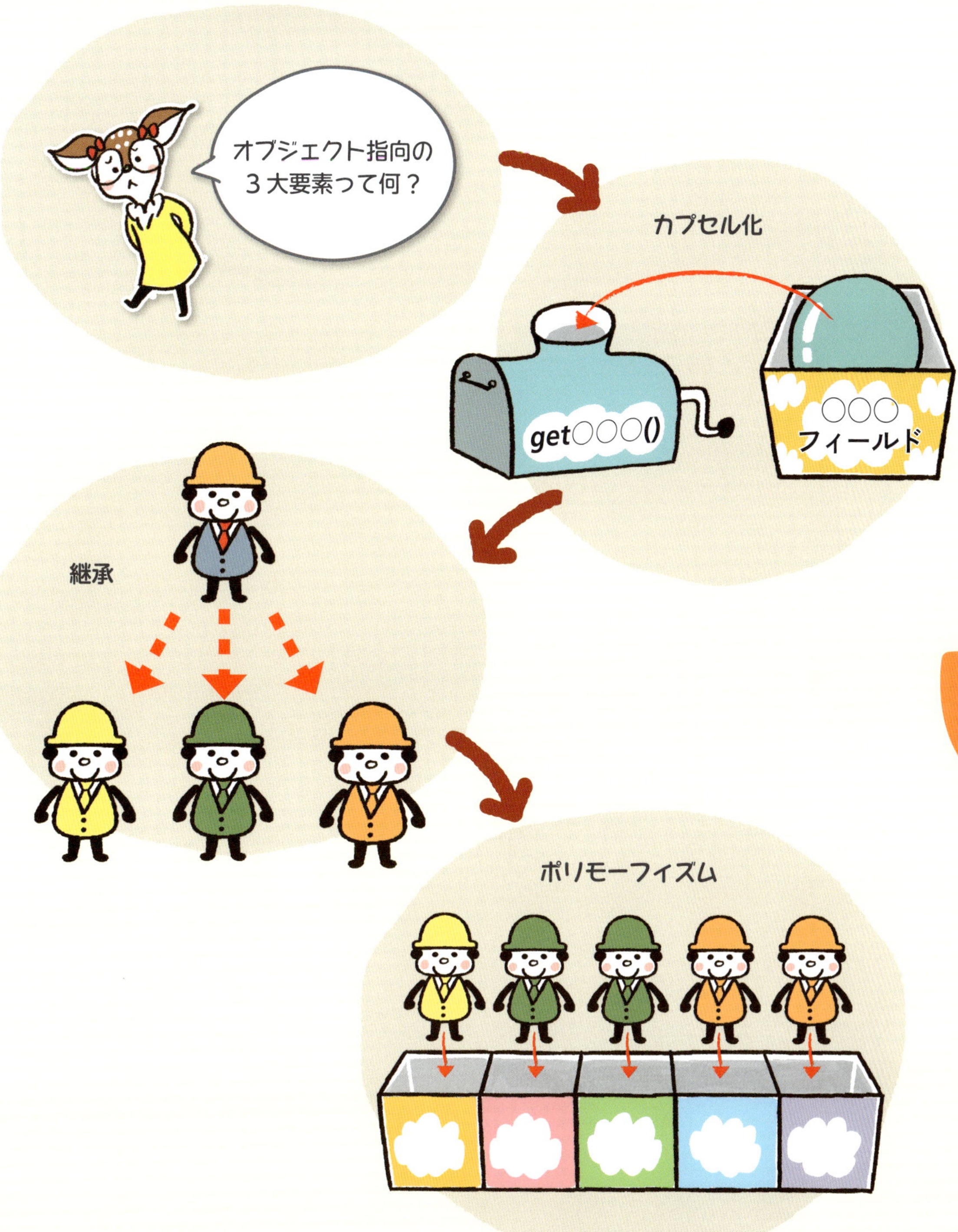

LESSON 23

オブジェクト指向の3大要素

オブジェクト指向には、安全で、壊れにくくて、作りやすくする機能が用意されています。それが「オブジェクト指向の3大要素」です。

オブジェクト指向でプログラミングするときに必要になるのが、クラスやインスタンスだけど、他にも重要な機能がいくつかある。それが「オブジェクト指向の3大要素」だ。

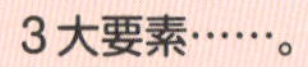

「カプセル化」「継承」「ポリモーフィズム」だ。

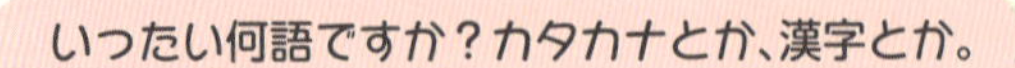

統一感のない用語に見えるけど、目的は共通しているよ。どれも「安全で、作りやすくするしくみ」なんだ。

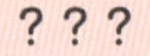

小さなプログラムを作るときは、プログラムの書き方なんて気にしなくても、なんとなく作れちゃうよね。

パパッと作っちゃいますよ。

でも、プログラムが大きくなってくると、なんとなく思いつきでパパッと作ってしまうと、大変なことになりがちだ。特に、修正するときなど、一部分の修正をしたいだけなのに、結局プログラム全体をあちこち修正しないといけないことが起こったりする。

ひゃあ、それは大変だ。

だから、「安全で、作りやすくするしくみ」で設計しておくことは重要なんだ。

3大要素って、「大きいプログラムを作るときに重要になってくる機能」なのね。

「オブジェクト指向の3大要素」は、プログラムを安全で、作りやすくするしくみです。それはたとえていうと「オブジェクトを、まるで本物の部品のように作っていく」という考え方です。オブジェクト指向では、たくさんのオブジェクトを組み合わせて作っていくので、オブジェクトを「部品」と考えて設計していくと、安全で作りやすくなるのです。

その3大要素は、「カプセル化」「継承」「ポリモーフィズム」です。

カプセル化

見せたくないものを隠して、部品として使いやすくする機能

継承

すでにある部品を利用して、カスタマイズできる機能

ポリモーフィズム

同じような部品を同じように操作できる機能

部品となるオブジェクト

大きなプログラム

見せたくないものを隠せる「カプセル化」

カプセル化は、「見せたくないものを隠して、部品としての独立性を高める機能」です。

「カプセル化」は、「見せたくないものを隠す機能」だ。

「隠す」ってどういうことですか？

フィールドやメソッドに、「これは公開（public）にする」「これは非公開（private）にする」って、見せるか隠すかを指定していくんだ。非公開にしたフィールドやメソッドは、クラスの外から見えなくなるんだよ。

見えなくなるって、プログラムに書いてあるんだから見えますよ。

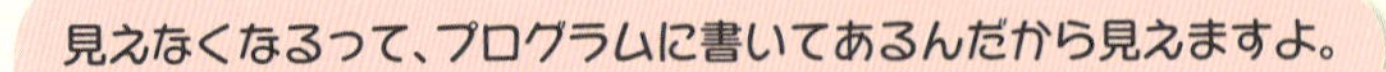

実際には「クラスの外部からアクセスできなくなる」ということだ。フィールドにアクセスするときは「インスタンス名.フィールド名」と指定すれば、中身を読み書きできる。でも非公開にしたフィールドでは、アクセスするとエラーになるんだよ。

えっ。わざわざエラーになるプログラムを作るなんて変じゃないですか？

外部から「勝手に書き換えて欲しくないフィールド」や「勝手に実行されたら困るメソッド」を非公開（private）にして、使おうとしたらエラーを出して禁止するってことなんだ。

そんなの、使う人が気をつければいいだけじゃないですか？

オブジェクトって、いろんなフィールドやメソッドが入っているけれど、正しく使うためには、そのオブジェクトが何を行っているのか、その中身を全部理解する必要がある。「ちょっと使いたいだけ」なのに、中身を全部理解して気をつけるなんて大変だ。

それは大変ですね。

「部品として外部から使ってもいいところだけ」を見せてそれ以外を隠すことで、「使う側」としては、気をつけるところが少なくていい「使いやすいプログラム」になるというわけなんだ。

気にしなくてもいいところを、カプセルの中に隠しちゃうってことなのね。

カプセル化とは

外部から使っていいフィールドやメソッドだけを公開（public）して、それ以外のフィールドやメソッドを**カプセルに閉じ込めるかのように非公開（private）にすること**です。勝手に使われると困るフィールドやメソッドを、外部からアクセスできないようにすることで、クラスの中身を意識しないでも使えるようになり、安全性が高くなります。

カプセル化する方法

公開したいフィールドやメソッドの頭に「public」を記述し、公開したくないフィールドやメソッドの頭に「private」を記述します。これを「アクセス修飾子」といいます。

アクセス修飾子	働き
private	クラスの内部でアクセスできます。クラスの外部からはアクセスできません。
public	クラスの内部でも、クラスの外部からでもアクセスできます。
何も書かない	クラスの内部でも、同じパッケージのクラスからでもアクセスできます。publicに近い状態です。

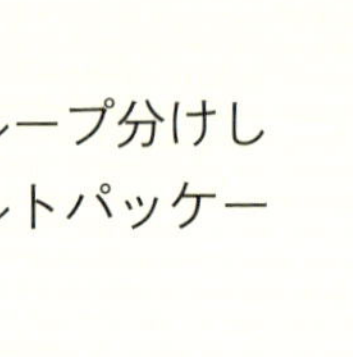

パッケージとは、クラスファイルを集めてグループ分けしたもので、何も指定していないときは「デフォルトパッケージ」にグループ分けされています。

書式：外部から利用できるフィールドやメソッド

```
public データ型 フィールド名;
public 戻り値の型 メソッド名() {
    メソッドで行う処理
}
```

書式：外部から勝手に使われると困るフィールドやメソッド

```
private データ型 フィールド名;
private 戻り値の型 メソッド名() {
    メソッドで行う処理
}
```

さらに、Javaではフィールドはprivateにして、直接アクセスできないようにすることが一般的です。フィールドにアクセスするには、アクセス専用のメソッドを用意します。

● getter：値を返すだけのメソッド

フィールドの値を読むには、getter（ゲッター）という「値を返すだけのメソッド」を用意します。メソッド名は自由につけることができますが、「フィールドの値をgetするメソッド」であることがわかりやすいように「get + フィールド名」でつけることが一般的です。フィールドの値をreturnで返すだけの単純なものです。

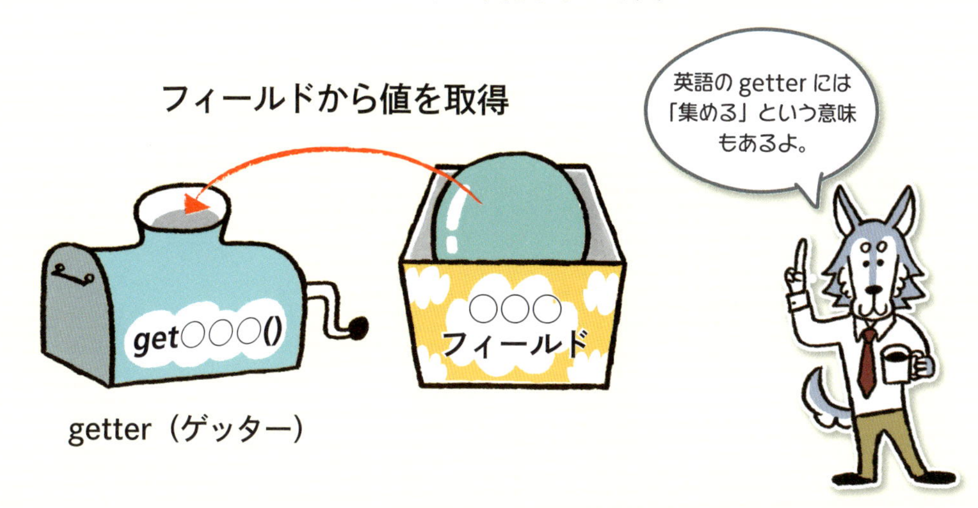

フィールドの読み書きを、getter（ゲッター）と次に説明するsetter（セッター）の2つのメソッドに分けることで、「getterだけしかないフィールド」にすることもできます。getterだけしかなければ、「値は読めるけれど、書き換えることができないフィールド」を作ることができます。ReadOnly（読み取り専用）にすることができるというわけです。

書式：getter を使うとき

```
private データ型 フィールド名;
public データ型 getフィールド名() {
    return フィールド名;
}
```

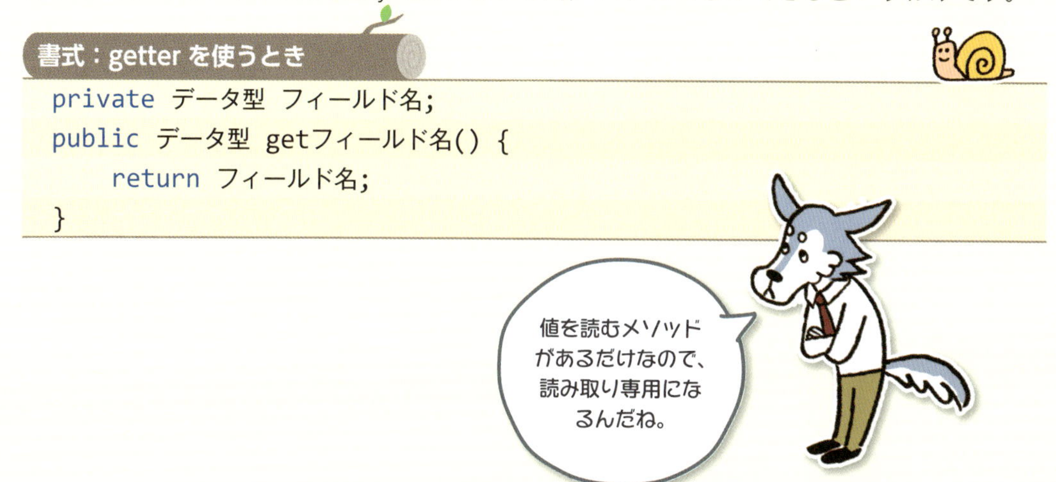

● setter：値を書き込むだけのメソッド

フィールドに値を書き込むには、setter（セッター）という「値を書き込むだけのメソッド」を用意します。メソッド名は自由につけることができますが、「フィールドの値をsetするメソッド」であることがわかりやすいように「set + フィールド名」でつけることが一般的です。

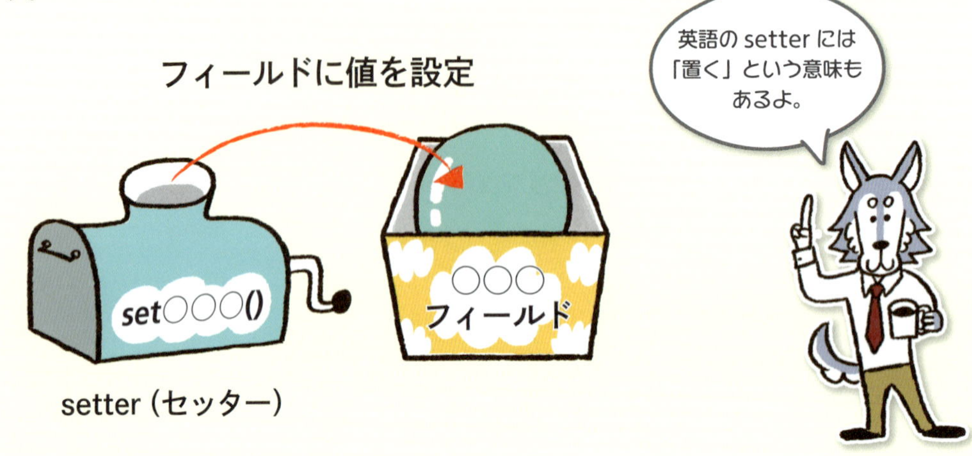

setterメソッドを使って書き込むことで、書き込むデータのチェックを行うことができます。例えば、フィールドに100以下の値しか入れたくない場合、フィールドに直接値を書き込む場合は書き込む側がチェックする必要があります。しかし、setterメソッドであれば、メソッドの中でチェックしておけば、書き込む側の手間が減り、安全性も増すというわけです。

書式：setter を使うとき

```
private データ型 フィールド名;
public void setフィールド名(データ型 引数名) {
    フィールド名 = 引数名;
}
```

書式：setter をチェックをかけて使うとき

```
private データ型 フィールド名;
public void setフィールド名(データ型 引数名) {
    if (条件式) {
        フィールド名 = 引数名;
    }
}
```

う〜ん。まだ、いまいちピンと来ないです〜。

じゃあ、実際に作って試してみよう。以前「自分の名前をいってあいさつするクラス」があったよね。myNameフィールドを書き換えて、名前をつけていた。

myNameを「いろは」に書き換えたら、名前が「いろは」になりましたね。

でもそのあとで、うっかり間違えて「タヌキチ」と書き換えてしまうことも起こりうる。フィールドだから簡単に書き換えてしまえるよね。

え〜っ！タヌキチなんて、いやですよ〜。

MyClass.java（chap5-1）

```
001    class MyClass {    ……自分の名前をいってあいさつするクラス
002        String myName = "";
003        void hello() {
004            System.out.println(myName + "です。こんにちは。");
005        }
006    }
```

Main.java（chap5-1）

```
001    public class Main {    ……最初に実行するクラス
002        public static void main(String[] args) {
003            MyClass iroha = new MyClass();
004
005            iroha.myName = "いろは";    ……最初は命名できる
006
007            iroha.myName = "タヌキチ";    ……あとからでも命名できる
008
009            iroha.hello();
010        }
011    }
```

ここでタヌキチと命名しているね。

実行

```
タヌキチです。こんにちは。
```

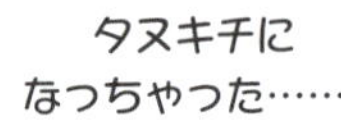

そこで、カプセル化を使う。フィールドをprivateにして隠し、読み書きできるメソッドを用意して制限するんだ。

制限って？

「つけた名前を、あとでうっかり書き換えられたら困る」よね。だから、setterメソッドの中で「もし、myNameが空っぽだったら名前を書き込めるけど、そうじゃなかったら何もしない」ってチェックするんだ。やってみるよ。

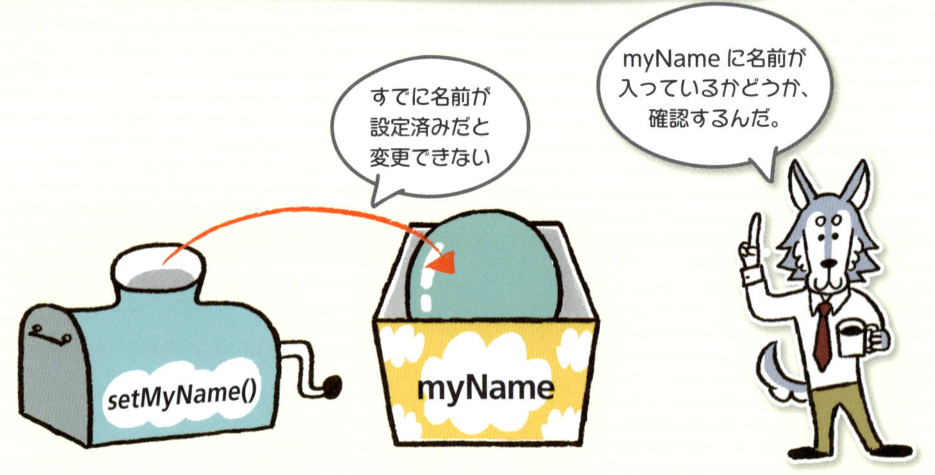

まず、MyClassクラスを修正します。フィールドをprivateにして隠して、setterメソッドを使わないと書き込めないようにします。すると、これまでのMain.javaではエラーが出るようになります。

MyClass.java（chap5-2） chap5-1のMyClass.javaを修正します。

```
001 class MyClass {                              ……自分の名前をいってあいさつするクラス
002     private String myName = "";              ……最初は空っぽにしておく
003     public void hello() {
004         System.out.println(myName + "です。こんにちは。");
005     }
```

```
006     public void setMyName(String name) {
007         if (myName == "") {          ・・・・・・・・・・・・名前が空っぽのときは命名できる
008             myName = name;
009         }
010     }
011 }
```

なんでエラーになっちゃったの？

実行

```
Main.java:5: error: myName has private access in MyClass
        iroha.myName = "いろは";
             ^
Main.java:7: error: myName has private access in MyClass
        iroha.myName = "タヌキチ";
             ^
2 errors
```

フィールドをprivateにしたからエラーが出るようになった。だから、次にsetterメソッドを使うようにMain.javaを修正するよ。

Main.java（chap5-3） chap5-1のMain.javaを修正します。

```
001 public class Main {          ・・・・・・・・・・・・・・・・・・・・・・・・・・・・・・・最初に実行するクラス
002     public static void main(String[] args) {
003         MyClass iroha = new MyClass();
004 
005         iroha.setMyName("いろは");      ・・・・・・・・・・ 最初は命名できる
006 
007         iroha.setMyName("タヌキチ");    ・・・・・・・・ あとから命名しても変わらない
008 
009         iroha.hello();
010     }
011 }
```

setterメソッドになったね。

LESSON 24

●実行

```
いろはです。こんにちは。
```

やった。「いろは」のままだ。これならいいね。でも、私はこれでいいけど。人によっては、改名したい人もいるでしょう。そういうときはどうするの？

そういうときは「改名用のメソッド」を作ればいいんだよ。例えば「renameMyName()」ってメソッドを作って、「もし、すでにmyNameに名前がついていても、名前を書き込む」ようにすればいいのさ。

ん？せっかくカプセル化したのに、また同じことじゃないの？

いやいや、使うメソッドが違うよ。名前をつける「setMyName()」メソッドでうっかり間違えても、名前は書き換わらない。どうしても、改名したいときは「renameMyName()」メソッドを、わざわざ意識して使うことで実現できるんだ。

ちゃんと使い道を意識してメソッドを選ぶようになるから、間違いが減るってことなのね。

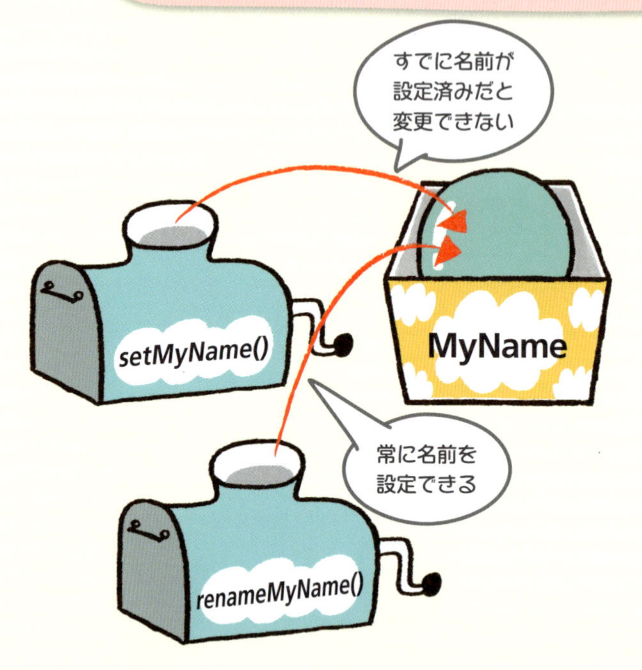

改名用の「renameMyName()」メソッドを追加してみましょう。

MyClass.java（chap5-4） chap5-2のMyClass.javaを修正します。

```
001 class MyClass {  ……自分の名前をいってあいさつするクラス
002     private String myName = "";  ……最初は空っぽにしておく
003     public void hello() {
004         System.out.println(myName + "です。こんにちは。");
005     }
006     public void setMyName(String name) {
007         if (myName == "") {  ……名前が空っぽのときは命名できる
008             myName = name;
009         }
010     }
011     public void renameMyName(String name) {
012         if (myName != "") {  ……名前がついていたら改名できる
013             myName = name;
014         }
015     }
016 }
```

Main.java（chap5-4） chap5-3のMain.javaを修正します。

```
001 public class Main {  ……最初に実行するクラス
002     public static void main(String[] args) {
003         MyClass iroha = new MyClass();
004
005         iroha.setMyName("いろは");  ……最初に命名できる
006
007         iroha.renameMyName("タヌキチ");  ……あとから改名できる
008
009         iroha.hello();
010     }
011 }
```

ちゃんと改名できました〜。って、だからタヌキチは、いやなんだって！

実行

```
タヌキチです。こんにちは。
```

LESSON 24

LESSON 25 すでにあるクラスをカスタマイズする「継承」

継承は、「すでにあるクラスを利用して、カスタマイズできる機能」です。

「継承」は、「すでにあるクラスを利用して、カスタマイズできる機能」だ。「このクラスとほとんど同じだけれど、ここだけ違います」っていうクラスを作るときに使うんだよ。

似てるクラスを作るんなら、クラスをコピペして修正しちゃえばいいのに。

コピペはお手軽だけど、長い目で見るとバグが入りやすいんだ。もしもコピペ元のクラスを修正したとき、コピペして作ったクラスにも同じ修正をしなければいけない。プログラムが大きくなってくると、似たようなクラスは増えてくるし、長い間にコピペしたことを忘れることだってある。

たしかに。コピペしたことなんてすぐ忘れちゃうなー。

他の人がプログラムを読むときにも、コピペで作ってあるとそれぞれ関係のないクラスだと思える。でも継承だと「どれを元にしてる」っていうのがわかるから、クラス同士の関係性もわかるんだ。

あとあと、大事になってくる機能なのね。

継承

元となるクラスを受け継いで（継承して）、新しいクラスを生み出すことです。元となるクラスを「親クラス（またはスーパークラス）」といい、継承して作られたクラスを「子クラス（またはサブクラス）」といいます。

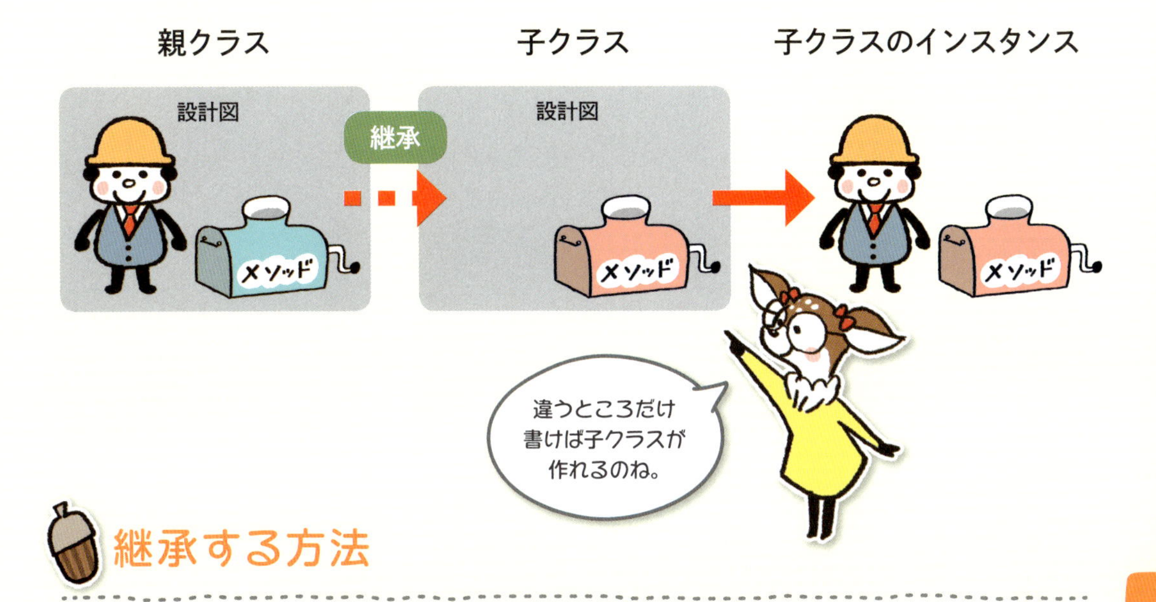

継承する方法

子クラスを作るとき、「class 子クラス名 extends 親クラス名」と指定して作ります。子クラスは空っぽの状態でも、すでに親クラスのフィールドとメソッドを受け継いで（継承して）いて、ここに「どこが違うか」を書き込んでいきます。子クラスに新機能を作りたいときは、新しい名前でメソッドを作ります。そのメソッドが子クラスだけにある新機能になります。すでにある機能を修正したいときは、元々あるメソッドと同じ名前でメソッドを作ります。同じ名前でメソッドを作ると、親クラスのメソッドが上書きされてカスタマイズすることになるのです。これを「オーバーライド」といいます。また、コンストラクタは継承されないので、初期化が必要な場合はその子クラス用のコンストラクタを作ります。

書式：継承

```
class 子クラス名 extends 親クラス名 {
    親クラスと違う処理
}
```

LESSON 25

虫食いクイズを作る

じゃあ、実際に作って試してみよう。今度は「計算問題を作るクラス(CalcQuiz)」を継承して、「クイズを出すクラス」にしてみよう。

クイズ？やったー！おもしろそう。

「計算問題を作るクラス」では、「問題を作る」「問題を返す」「答えを返す」という機能を持っていた。クイズも似てるよね。

問題の中身が違うだけですもんね。

「計算問題を作るクラス」を継承して、「問題を返す」「答えを返す」の部分はそのまま使って、「問題を作る」の部分だけオーバーライドして作ればいいというわけだ。

どんなクイズですか？

「何の段の九九でしょうクイズ」っていうのはどう？

え〜！それ私が考えたやつだよ。もっと他のがいい。

じゃあ、これをさらに改造して「虫食いクイズ」にしてみようか。

「計算問題を作るクラス（CalcQuiz）」を継承して作るので、クラスを確認しましょう。「getQuestion()」「getAnswer()」はそのままで、問題を作る「createQuestion()」メソッドを上書きして、コンストラクタを作ればいいことがわかります。

CalcQuiz クラス

継承

MushikuiQuiz クラス

CalcQuiz.java（MushikuiQuiz）

chap4-5のCalcQuiz.javaをそのまま使います。

```
001  import java.util.Random;
002  class CalcQuiz {  ・・・・・・・・・・・・・・・計算問題を作るクラス
003      String question;  ・・・・・・・・・・・・問題を保存するフィールド
004      String answer;  ・・・・・・・・・・・・・答えを保存するフィールド
005
006      CalcQuiz () {  ・・・・・・・・・・・・・・コンストラクタ
007          createQuestion();
008      }
009      void createQuestion() {  ・・・・・・・問題を1つ作る
010          Random rnd = new Random();
011          int a = rnd.nextInt(100);
012          int b = rnd.nextInt(100);
013          this.question = a + "x" + b + "=?";  ・・・・問題を文字列で作る
014          this.answer = Integer.toString(a * b);・・・答えを文字列で作る
015      }
016
017      String getQuestion() {  ・・・・・・・・その問題を教えてくれる
018          return this.question;
019      }
020      String getAnswer() {  ・・・・・・・・・その答えを教えてくれる
021          return this.answer;
022      }
023  }
```

LESSON 25

CalcQuizを継承して「MushikuiQuiz」クラスを作ります。「class MushikuiQuiz extends CalcQuiz」と記述し、コンストラクタを作ります。あとは「createQuestion()」で「虫食いクイズ」を作るだけです。「何の段の九九か」と「何番目の数字を見せないか」をランダムで決めたら、問題文を作ります。for文でくり返して、問題文に追加していきます。見せないときは「○」を、それ以外は「dan * i」の値を追加します。最後に問題文と、答えの文字列を作ったらできあがりです。

MushikuiQuiz.java（MushikuiQuiz）

```
001  import java.util.Random;
002  class MushikuiQuiz extends CalcQuiz{         ……虫食いクイズを作るクラス
003      MushikuiQuiz () {                         ……コンストラクタ
004          createQuestion();
005      }
006      void createQuestion() {                   ……問題を1つ作る
007          Random rnd = new Random();
008          int dan = rnd.nextInt(10);            ……何の段か
009          int qID = rnd.nextInt(10);            ……見せない番号
010          this.question = "";                   ……問題文変数
011
012          for(int i = 0; i < 10; i++) {
013              if (i == qID) {                   ……見せないとき
014                  this.question += "[○]";
015              } else {                          ……見せるとき
016                  this.question += "[" + (dan * i) + "]";
017              }
018          }
019          this.question += "：○に入る数は何でしょう?";  ……問題の文字列
020          this.answer = "答え:" + (dan * qID);          ……答えの文字列
021      }
022  }
```

最後に、Main.javaでMushikuiQuizインスタンスを作るように修正します。

Main.java（MushikuiQuiz）　chap4-6のMain.javaを修正します。

```
001  public class Main {                           ……最初に実行するクラス
002      public static void main(String[] args) {
003          int quizNum = 5;                      ……問題数
004          CalcQuiz [] quiz = new CalcQuiz[quizNum];
                                                   ……問題を作るインスタンスを入れる配列
005
006          for (int i = 0; i < quizNum; i++) {
                                                   ……問題を作るインスタンスを作る
007              quiz[i] = new MushikuiQuiz();
008          }
```

```
009            for (int i = 0; i < quizNum; i++) { ････すべての問題を表示する
010                System.out.println("問" + i + ":" + quiz[i].↩
getQuestion());
011            }
012            System.out.println("----------");
013            for (int i = 0; i < quizNum; i++) { ････すべての答えを表示する
014                System.out.println("答" + i + ":" + quiz[i].↩
getAnswer());
015            }
016        }
017    }
```

実行

```
問0:[0][4][○][12][16][20][24][28][32][36]：○に入る数は何でしょう?
問1:[0][1][2][3][4][5][6][7][○][9]：○に入る数は何でしょう?
問2:[0][9][○][27][36][45][54][63][72][81]：○に入る数は何でしょう?
問3:[0][9][18][27][36][45][54][63][○][81]：○に入る数は何でしょう?
問4:[0][7][○][21][28][35][42][49][56][63]：○に入る数は何でしょう?
----------
答0:答え:8
答1:答え:8
答2:答え:18
答3:答え:72
答4:答え:14
```

LESSON 25

間違い探しクイズを作る

おー。九九の段クイズよりおもしろくなったー。じゃあ、私もいいこと考えたっ！

どんなクイズかな。

間違い探しクイズで～す！間違いやすい文字が10個並んでいるんだけど、その中のどれか1つだけが違う文字になってるの。

なるほどなるほど。

CalcQuizを継承してクラスを作ればいいから、問題の作り方だけ考えればいいよね。

CalcQuizを継承して「MistakeQuiz」クラスを作ります。「class MistakeQuiz extends CalcQuiz」と記述し、コンストラクタを作ります。あとは「createQuestion()」で「間違い探しクイズ」を作ります。ランダムで問題の文字の種類と、間違いにする文字の位置を決めたら、for文で10回くり返して、文字を足していきます。間違いの文字のときだけ間違いの文字にすればできあがりです。

MistakeQuiz.java（MistakeQuiz）

```
001  import java.util.Random;
002  class MistakeQuiz extends  CalcQuiz{         ・・・・・・・・・・間違い探しクイズを作るクラス
003      MistakeQuiz () {                        ・・・・・・・・・・・・・・・・・・・・・・・・・・・・・・・・・コンストラクタ
004          createQuestion();
005      }
006      void createQuestion() {                 ・・・・・・・・・・・・・問題を1つ作る
007          String[] correct = {"氷","問","鳥","緑","塊"};  ・・・・ 正しい文字
008          String[] mistake = {"水","間","烏","縁","魂"};  ・・・・ 間違い文字
009          Random rnd = new Random();
010          int qID = rnd.nextInt(correct.length);   ・・何番目を問題にするか
011          int answerID = rnd.nextInt(10);          ・・・・・・・・・・・・ 何文字目が間違いか
012          this.question = "";
013          for (int i = 0; i < 10; i++) {
014              if (i != answerID) {
015                  this.question += correct[qID];   ・・・・正解文字を足す
016              } else {
017                  this.question += mistake[qID];   ・・・・間違い文字を足す
018              }
019          }
020          this.question += "：この中で違う文字は何文字目？";  ・・ 問題の文字列
021          this.answer = (answerID + 1 ) + "文字目";      ・・・・・・ 答えの文字列
022      }
023  }
```

最後に、Main.javaでMistakeQuizインスタンスを作るように修正します。

Main.java（MistakeQuiz）　MushikuiQuizのMain.javaを修正します。

```
001  public class Main {  ……………最初に実行するクラス
002      public static void main(String[] args) {
003          int quizNum = 5;  ……問題数
004          CalcQuiz [] quiz = new CalcQuiz[quizNum];
                                         ………問題を作るインスタンスを入れる配列
005
006          for (int i = 0; i < quizNum; i++) {
                                         ………問題を作るインスタンスを作る
007              quiz[i] = new MistakeQuiz();
008          }
009          for (int i = 0; i < quizNum; i++) { …… すべての問題を表示する
010              System.out.println("問" + i + ":" + quiz[i].getQuestion());
011          }
012          System.out.println("----------");
013          for (int i = 0; i < quizNum; i++) {  ····すべての答えを表示する
014              System.out.println("答" + i + ":" + quiz[i].getAnswer());
015          }
016      }
017  }
```

実行

```
問0:氷氷氷氷氷水氷氷氷氷：この中で違う文字は何文字目？
問1:鳥烏鳥鳥鳥鳥鳥鳥鳥鳥：この中で違う文字は何文字目？
問2:氷氷氷氷氷氷氷氷氷水：この中で違う文字は何文字目？
問3:塊魂塊塊塊塊塊塊塊塊：この中で違う文字は何文字目？
問4:問問問問間問問問問問：この中で違う文字は何文字目？
----------
答0:6文字目
答1:2文字目
答2:10文字目
答3:2文字目
答4:5文字目
```

なかなかいい感じですね〜。間違いを見つけるの難しいよ〜。

LESSON 25

同じように操作できる「ポリモーフィズム」

ポリモーフィズムは、「同じようなものを同じように操作できる機能」です。

「ポリモーフィズム」は、「同じようなものを同じように操作できる機能」だ。

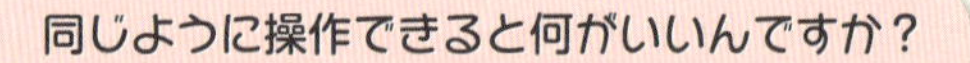

例えば、「スイッチオブジェクト」と「スライダーオブジェクト」があるとして、「スイッチ」はオンオフで切り替わるし、「スライダー」は最小値から最大値までスライドさせるから、操作方法の違う部品だ。

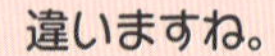

例えば、初期状態で表示させたいときなども、「スイッチ」はオフに、「スライダー」は0に移動させるので、やっぱり操作方法は違う。

やりたいことは「初期値に戻したいだけ」なのになー。

でも「スイッチ」と「スライダー」は、どちらも「ユーザーが触る部品」という「同じ種類のもの」だともいえる。もしも初期値に戻す「リセット」という命令があれば、同じように操作できる。

そっか。「リセット」だったら同じ命令でいけますね。

「スイッチ」や「スライダー」が1～2個だったらたいしたことないけど、100個も200個もあったら大変だよ。

全部まとめて命令したくなりますね。

実はそれができるのも、ポリモーフィズムなんだ。

ポリモーフィズムとは

ポリモーフィズム（多様性、多態性）とは、同じようなオブジェクトを、「同じ種類のものたち」という視点で考えて、共通の操作方法で扱うことです。Javaでは、ある親クラスから継承して作った複数の子クラスはみんな、親クラスの性質を受け継いだ「同じ種類のものたち」と考えることができます。「同じ種類のものたちを、同じ命令で操作できること」がポリモーフィズムです。

LESSON 26

ポリモーフィズムする方法

同じように扱いたいものは、「同じ種類のクラス」として作るところからはじめます。まず、ある親クラスを用意して、そこから継承した複数の子クラスとして作ります。その子クラスたちが持っている同じ名前のメソッドは、基本的に同じ機能を持っています。たとえオーバーライドして書き換えたとしても、「同じようなことを、それぞれに適した方法で実現しようとしているだけ」なので、「同じ命令」と考えることができます。つまり、同じ種類のものたちを、同じ命令で操作できるのです。

さらに、子クラスのインスタンスを入れる変数や配列のデータ型を工夫すると、効率よく操作することができます。変数や配列のデータ型は、「子クラスそのもので指定」するのではなく、ざっくりと「その親クラスで指定」することもできます。親クラスで指定された変数や配列には、いろいろな種類の子クラスを入れることができるのです。

1つの配列にいろいろな種類の子クラスをまとめて入れることができれば、for文などでまとめて操作できるというわけです。

じゃあ、実際に作って試してみよう。さっきは「計算問題を作るクラス」を継承して「虫食いクイズ」や「間違い探しクイズ」を作ったよね。これらは、同じ親クラスから生まれた「同じ種類のクラスたち」だ。

あっ。同じように操作できるってことだ。

そう。どれも、createQuestion()、getQuestion()、getAnswer()という同じメソッドで操作できる。そして、CalcQuizという親クラスのデータ型の配列を作れば、子クラスたちのインスタンスを入れることができるんだ。

CalcQuiz クラス

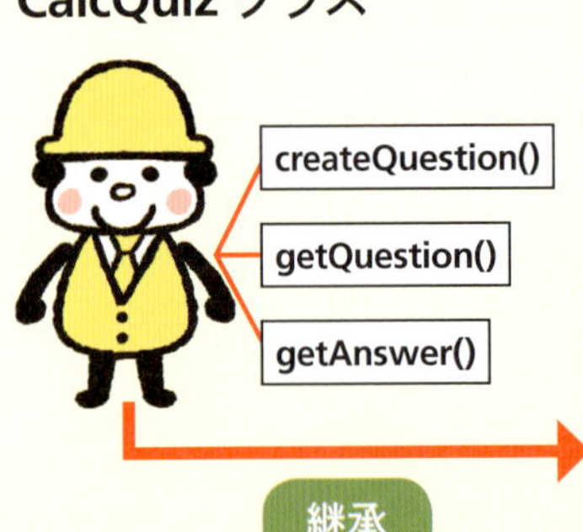

MushikuiQuiz クラス

MistakeQuiz クラス

おおーっ。

配列には、いろんな種類のインスタンスをランダムに入れるようにすれば、「ランダムに問題を出すクイズ」ができるというわけだ。

なるほど～。でもセンセイ！　２種類だともの足りないと思います。もう１つぐらいクイズを作りませんか。

じゃあ、簡単でおもしろいやつ。「たぬきの言葉を読むクイズ」はどうだ？

なんですかそれ？

文字列のsubstring()を使うと、文字列を切り分けることができるよね。あれを使って、文字列をランダムな位置で２つに分け、間に「た」を入れてから、くっつけると「た」が入った文字列になる。

「た」が入った文字列？

１つの文字列に「た」をたくさん入れてごらん。元の文字列が何かわからないほど読みにくくなるよね。でも「た」を抜いて読むと読める。

だから「たぬきの言葉」ですか～。

TanukiQuiz.java（RandomQuiz）

```
001  import java.util.Random;
002  class TanukiQuiz extends  CalcQuiz{  ……たぬきの言葉クイズを作るクラス
003      TanukiQuiz () {  ……コンストラクタ
004          createQuestion();
005      }
006      void createQuestion() {  ……問題を1つ作る
007          String [] answerWord =  {"おはよう","おやすみ","おいしい↵
     ","おかしい"};  ……問題にする文字
008          Random rnd = new Random();
009          int qID = rnd.nextInt(answerWord.length);
                                      ……何番目を問題にするか
```

```
010            this.question = answerWord[qID];
011
012            for (int i = 0; i < 3; i++) {
013                int cPos = rnd.nextInt(question.length()); ・・・切る位置
014                String firstHalf = this.question.↵
substring(0,cPos); ・・・前半分
015                String secondHalf = this.question.↵
substring(cPos); ・・・後ろ半分
016                this.question = firstHalf + "た" + secondHalf; ・・・たを入れる
017            }
018            this.question += "：このたぬきの言葉を読んで。"; 問題の文字列
019            this.answer = "たを抜くと、" + answerWord[qID]; ・・・答えの文字列
020        }
021    }
```

Main.javaで、MushikuiQuiz、MistakeQuiz、TanukiQuizからランダムに1つずつインスタンスを作るように修正します。これでもう「ランダムに問題を出すクイズ」のできあがりです。

Main.java (RandomQuiz)　MistakeQuizのMain.javaを修正します。

```
001 import java.util.Random;
002 public class Main { ・・・最初に実行するクラス
003     public static void main(String[] args) {
004         Random rnd = new Random();
005         int quizNum = 5; ・・・問題数
006         CalcQuiz [] quiz = new CalcQuiz[quizNum]; ・・・問題を作るインスタンスを入れる配列
007
008         for (int i = 0; i < quizNum; i++) { ・・・問題を作るインスタンスを作る
009             int qID = rnd.nextInt(3); ・・・ランダムに1つ選ぶ
010             if (qID == 0) {
011                 quiz[i] = new MushikuiQuiz(); ・・・虫食いクイズ
012             } else if (qID == 1) {
013                 quiz[i] = new MistakeQuiz(); ・・・間違い探しクイズ
```

```
014                 } else {
015                     quiz[i] = new TanukiQuiz();   … たぬきの言葉クイズ
016                 }
017             }
018             for (int i = 0; i < quizNum; i++) {   … すべての問題を表示する
019                 System.out.println("問" + i + ":" + quiz[i].↵
        getQuestion());
020             }
021             System.out.println("----------");
022             for (int i = 0; i < quizNum; i++) {   … すべての答えを表示する
023                 System.out.println("答" + i + ":" + quiz[i].↵
        getAnswer());
024             }
025         }
026     }
```

実行

```
問0:たおはよたたう：このたぬきの言葉を読んで。
問1:[0][4][8][12][16][20][24][○][32][36]：○に入る数は何でしょう?
問2:[0][3][6][○][12][15][18][21][24][27]：○に入る数は何でしょう?
問3:鳥鳥鳥鳥烏鳥鳥鳥鳥鳥：この中で違う文字は何文字目？
問4:問間問問問問問問問問：この中で違う文字は何文字目？
----------
答0:たを抜くと、おはよう
答1:答え:28
答2:答え:9
答3:6文字目
答4:2文字目
```

いろいろなクイズが混ざって出るようになりました～！
オブジェクト指向プログラム、わかってきましたよ～。

LESSON 27

もう一歩進んだ「抽象クラス」「インターフェース」

オブジェクト指向で3大要素の次につまずきやすいのが「抽象クラス」と「インターフェース」です。どんなものなのか、考え方だけでも見ていきましょう。

抽象クラス

プログラムの規模が大きくなってくると、似たようなクラスが増えてきてややこしくなってくる。そういうとき、うまく考えをまとめてくれる機能が「抽象クラス」や「インターフェース」だ。じゃあどんなものなのか、簡単に見ていこう。まずは「抽象クラス」からだ。

抽象クラス？

親クラスの一種なんだけど、インスタンスを作れないクラスだ。でも、この抽象クラスを継承してできた子クラスは、普通にインスタンスを作れるよ。

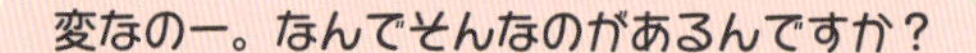

変なのー。なんでそんなのがあるんですか？

抽象クラスは「私を継承した子クラスは、このフィールドやこのメソッドを持っています」と保証するためのクラスなんだ。1つのクラスのプログラムが大きくなってくると「このクラスで何ができるか」がわかりにくくなってくる。そうしたとき、抽象クラスを見れば「このフィールドやこのメソッドは持っている」とすぐわかるというわけだ。

ふーん。とっても大きいプログラムを作るときに重要になってくる機能なのね。

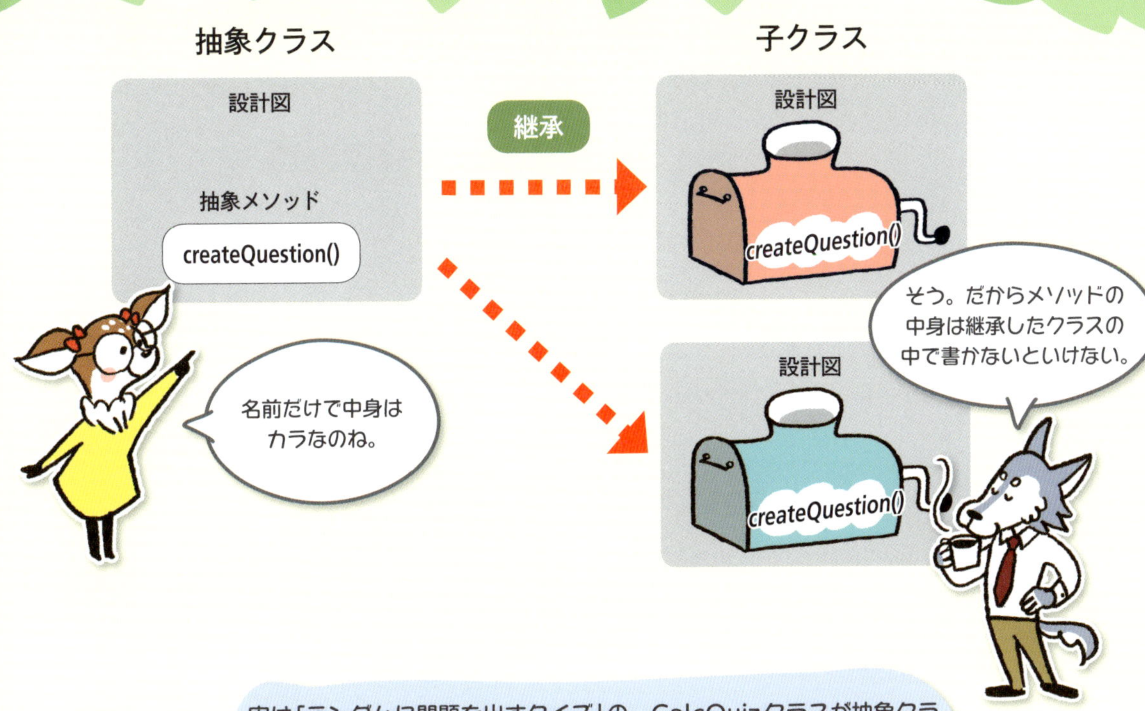

実は「ランダムに問題を出すクイズ」の、CalcQuizクラスが抽象クラスっぽくなっていたよ。CalcQuizのインスタンスは直接作らず、継承した子クラスのインスタンスだけを使っていたよね。CalcQuizクラスは、問題を出すクラスというより「この子クラスは、このフィールドとこのメソッドを持っています」ということをいうだけのクラスになってる。だから簡単に抽象クラスに変更できるよ。

簡単ですか？

クラスの頭に「abstract」をつけるだけなんだ。さらに、createQuestion()メソッドのように「子クラスで必ず書き換えて使うメソッド」は、頭に「abstract」をつけて「抽象メソッド」として指定するんだ。

CalcQuizクラスを元に、抽象クラスのQuizクラスを作り、プログラム全体を抽象クラスを使った書き方に変更してみましょう。クラスの頭に「abstract」をつけて、問題を作る「createQuestion()」メソッドはそれぞれの子クラスで中身を書くので「abstract void createQuestion();」とだけ指定します。

Quiz.java (abstractTest)

```
001  abstract class Quiz {  ・・・・・・・・・・抽象クラス
002      //この抽象クラスを継承した子クラスは
003      //以下のフィールドやメソッドを持っていることを保証します。
004      String question;  ・・・・・・・・・・・問題を保存するフィールド
005      String answer;  ・・・・・・・・・・・・・・答えを保存するフィールド
006
007      abstract void createQuestion();・・・問題を作るメソッドは必ず書き換えが必要
008
009      String getQuestion() {  ・・・・・・・・・・・・・その問題を教えてくれる
010          return this.question;
011      }
012      String getAnswer() {  ・・・・・・・・・・・・・・・・その答えを教えてくれる
013        return this.answer;
014      }
015  }
```

各子クラスのextendsの後ろを「Quiz」に書き換えて、Quizクラスを継承するように変更します。

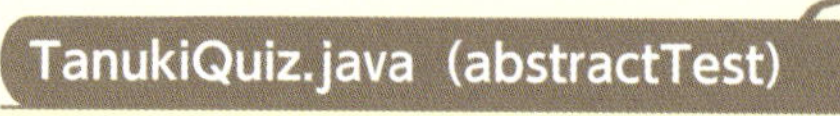

MushikuiQuiz.java (abstractTest)

RandomQuizのMushikuiQuiz.javaを修正します。

```
002  class MushikuiQuiz extends Quiz{  ・・・・虫食いクイズを作るクラス
```

MistakeQuiz.java (abstractTest)

RandomQuizのMistakeQuiz.javaを修正します。

```
002  class MistakeQuiz extends  Quiz{  ・・・・間違い探しクイズを作るクラス
```

TanukiQuiz.java (abstractTest)

RandomQuizのTanukiQuiz.javaを修正します。

```
002  class TanukiQuiz extends Quiz{  ・・・・・・・たぬきの言葉クイズを作るクラス
```

MistakeQuiz

最後に、Main.javaの配列のデータ型を「CalcQuiz」から「Quiz」に変更すれば、抽象クラスを使った書き方に変更できました。

Main.java（abstractTest） RandomQuizのMain.javaを修正します。

```
006    Quiz [] quiz = new Quiz[quizNum];   ・・・問題を作るインスタンスを入れる配列
```

実行

```
問0:[0][9][18][27][36][45][54][63][72][○]：○に入る数は何でしょう?
問1:おやたすたたみ：このたぬきの言葉を読んで。
問2:緑緑緑緑緑緑緑縁緑緑：この中で違う文字は何文字目？
問3:[0][3][○][9][12][15][18][21][24][27]：○に入る数は何でしょう?
問4:たたおいしたい：このたぬきの言葉を読んで。
----------
答0:答え:81
答1:たを抜くと、おやすみ
答2:8文字目
答3:答え:6
答4:たを抜くと、おいしい
```

インターフェース

抽象クラスと似たものに「インターフェース」がある。インターフェースも「このフィールドとこのメソッドは持っている」ということを保証するためのものなんだ。

似てますね。

「抽象クラス」から継承できる子クラスは1つなんだけど、「インターフェース」だと、1つの子クラスにいくつでもつけることができる。

いくつでも？

たとえるなら「抽象クラスは、親から受け継ぐ家業」のようなものだね。お団子屋さんの息子は、お団子屋さんを継承することはできるけど、隣の文具屋さんや向かいのラーメン屋さんを継承することは基本的にできない。

なるほど。親から継承できるのは、親の家業だけね。

それに対し「インターフェース」は、できたクラスにあとからいくつでもつけることができる。たとえるなら「クラスが身につける資格」のようなものだね。お団子屋さんをやっていても、「簿記2級」とか「ボールペン字3級」を取得することはできる。

がんばれば資格は取得できるね。

資格というのはそもそも、他人がその人を理解するためのものだ。他人が「○○という資格を持っているということは、△△ができることが約束されているんだな」とすぐわかるためのものなんだ。

インターフェースを見れば、できることがわかる、ということなのね。

それでは「問題を出すクラス」にインターフェースを追加してみよう。「ヒントを出せる資格」を追加するよ。

- **抽象クラス**：親から受け継ぐ家業のようなもの
- **インターフェース**：クラスが身につける資格のようなもの

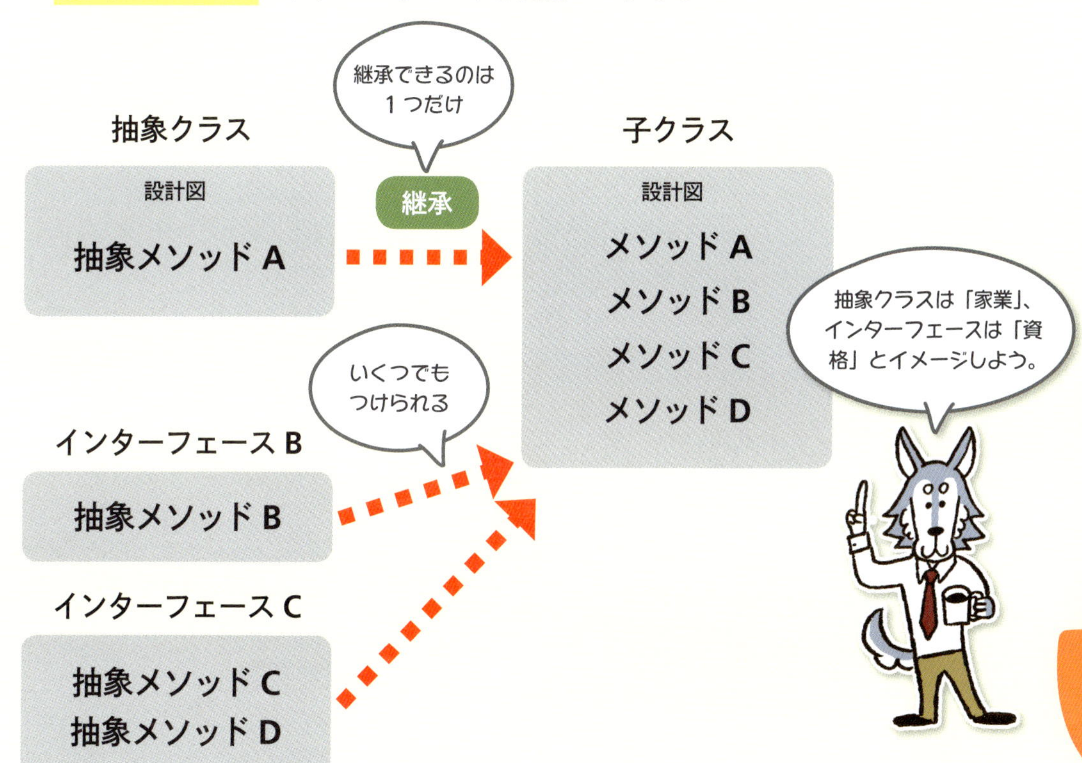

まずは、「public interface インターフェース名」と書いて、インターフェースを作ります。ブロック内にはできることとして「public データ型 メソッド名」とメソッド名だけを書いて、具体的なメソッドの中身は各クラスのほうに書いていきます。ここではヒントを出すメソッドとして「public String getHint();」を書きます。

HintAdviser.java（interfaceTest）

```
001  public interface HintAdviser {
002      // このインターフェースを実装しているクラスは
003      // 以下のメソッドを実行できることを約束します。
004      public String getHint();
005  }
```

そして、そのインターフェースをクラスに追加（実装）します。今回はQuizクラスに追加してみます。大元にできることなので、子クラスはみんなできることになります。

Quiz.java（interfaceTest） abstractTestのQuiz.javaを修正します。

```
001  abstract class Quiz implements HintAdviser{  … インターフェースを追加
```

各クラスに「getHint()」メソッドの中身を追加します。

MushikuiQuiz.java（interfaceTest） abstractTestのMushikuiQuiz.javaを修正します。

```
022  public String getHint() {  ……ヒントを追加
023      return "まずは九九の何の段か考えよう";
024  }
```

MistakeQuiz.java（interfaceTest） abstractTestのMistakeQuiz.javaを修正します。

```
023  public String getHint() {  ……ヒントを追加
024      return "全体を流して見て違和感のあるところを注目しよう";
025  }
```

TanukiQuiz.java（interfaceTest） abstractTestのTanukiQuiz.javaを修正します。

```
021  public String getHint() {  ……ヒントを追加
022      return "落ち着いて「た」を飛ばして読もう";
023  }
```

Quiz クラス　TanukiQuiz　MushikuiQuiz　MistakeQuiz

HintAdviser
インターフェース

最後に、Main.javaで、ヒントを表示させるように修正すると、各問題に応じたヒントが出るようになります。

Main.java（interfaceTest）　abstractTestのMain.javaを修正します。

```
018        for (int i = 0; i < quizNum; i++) {  ……すべての問題を表示する
019            System.out.println("問" + i + ":" + quiz[i].↵
        getQuestion());
020        }
021        System.out.println("----------");
022        for (int i = 0; i < quizNum; i++) {  ……すべてのヒントを表示する
023            System.out.println("ヒント" + i + ":" + quiz[i].↵
        getHint());
024        }
025        System.out.println("----------");
026        for (int i = 0; i < quizNum; i++) {  ……すべての答えを表示する
027            System.out.println("答" + i + ":" + quiz[i].↵
        getAnswer());
028        }
```

実行

```
問0:おたたかしたい：このたぬきの言葉を読んで。
問1:[0][8][16][24][○][40][48][56][64][72]：○に入る数は何でしょう?
問2:おやたたたすみ：このたぬきの言葉を読んで。
問3:問問問問問問問問問間：この中で違う文字は何文字目？
問4:塊塊塊塊塊塊塊塊魂塊：この中で違う文字は何文字目？
----------
ヒント0:落ち着いて「た」を飛ばして読もう
ヒント1:まずは九九の何の段か考えよう
ヒント2:落ち着いて「た」を飛ばして読もう
ヒント3:全体を流して見て違和感のあるところを注目しよう
ヒント4:全体を流して見て違和感のあるところを注目しよう
----------
答0:たを抜くと、おかしい
答1:答え:32
答2:たを抜くと、おやすみ
答3:10文字目
答4:9文字目
```

「ヒントを出せる資格」をつけたから、問題と答えとヒントが出ましたね〜。

LESSON 27

LESSON 28

これから何を勉強したらいいの？

これまで Java 言語についていろいろ見てきました。これから先、何を勉強していけばいいのでしょうか？

まだまだある、Javaのしくみ

センセイ！ Javaについてもっと知りたいです。何を勉強したらいいですか？

Javaのしくみはまだいろいろあるよ。例えば、たくさんのデータを扱うときに使う「コレクション」だ。

あれれ？たくさんのデータを扱うときって、配列じゃなかった？

配列は「たくさんのデータを順番に並べておいて、番号で中身を見る」という使い方だったよね。でも、あとからデータを増やしたり、途中のデータを削除するのはできなかった。それをできるようにしたのが、コレクションだ。

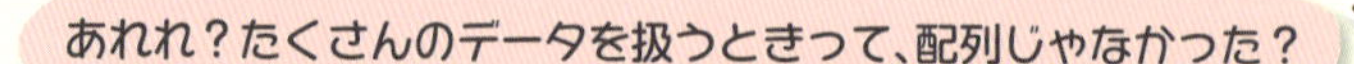

あとから、追加や削除をしたいときはコレクションなのね。

コレクションにも種類がある。配列のように「順番に並べて、番号で中身を見る」ときは「List(リスト)」を使う。たくさんのデータを辞書のように扱うときは「Map(マップ)」を使うんだ。

じゃあ、コレクションがわかればもう完ぺき？

いやいや、「ちゃんと使えるプログラム」として作るときに重要になるのはエラー処理だ。「エラーが発生したときどうするか」を考えておかないとちゃんと動かないからね。しかもしっかり考えていても、「予想外のエラー」が起こることがある。その場合どうするかまで考えておくことが重要なんだ。

えーっ！「考えてなかった場合のことまで考える」なんてややこしすぎますよ。

そういうときに、知っておくといいのが「例外処理」だ。細かく調べていくのは大変だから、「とにかく何か変なことが起こったときはこれをして」っていう書き方だ。「try（トライ）」に、例外が発生しそうなプログラムを書いておいて、「catch（キャッチ）」に、例外が発生したときにすることを書くという方法だ。

へえ。

他にも、「スレッド」というしくみがあるよ。同時に複数の処理を行いたいときに使うしくみだ。

いろいろあるんですねえ。

LESSON 28

自分は何を作りたいのか、考えよう

まずは「自分は何を作りたいんだろう」って考えるところからはじめるのがいいよ。

でも、Javaで具体的に何ができるのか、まだぼんやりしてて〜。

そういうときは、「標準クラスライブラリ」APIドキュメント（https://docs.oracle.com/javase/jp/8/docs/api/）を見てみよう。標準でできる機能のリストなので参考になるよ。

作りたいのは、スマホアプリとかなんだけどなぁ。

Androidアプリは、Java言語で作れるね。Android SDK（Androidアプリ開発キット）を使って作るんだ。「画面の作り方」や「アプリとしての操作方法」から見ていくといいよ。

ようし。クイズのアプリを作って見ようかな〜。

索引

L

M

N

P

Q

R

S

T

V

あ行

か行

さ行

た行

は行

ま行

や行

ら行

●著者プロフィール

森 巧尚（もり・よしなお）

iPhone アプリや Web コンテンツの制作、執筆活動、関西学院大学非常勤講師など、プログラミングにまつわる幅広い活動を行っている。
近著に『Python1 年生』（翔泳社）、『作って学ぶ iPhone アプリの教科書 ～人工知能アプリを作ってみよう！』（マイナビ出版）、『楽しく学ぶ アルゴリズムとプログラミングの図鑑』（マイナビ出版）、『なるほど！プログラミング』（SB クリエイティブ）などがある。

装丁・扉デザイン	大下賢一郎
本文デザイン	株式会社リブロワークス
装丁・本文イラスト	あらいのりこ
漫画	ほりたみわ
編集	株式会社リブロワークス
DTP	関口忠
レビュー	佐藤弘文
実行環境協力	paiza URL https://paiza.jp/

Java（ジャバ） 1 年生

体験してわかる！会話でまなべる！プログラミングのしくみ

2018 年　5 月 24 日　初版第 1 刷発行
2024 年　2 月 20 日　初版第 3 刷発行

著　　者	森 巧尚（もり よしなお）
発 行 人	佐々木 幹夫
発 行 所	株式会社 翔泳社（https://www.shoeisha.co.jp）
印刷・製本	株式会社シナノ

ISBN978-4-7981-4351-4
Printed in Japan